JN180929

カミオカンデとニュートリノ

鈴木厚人［監修］

KAMIOKANDE

丸善出版

推薦のことば

東京大学特別栄誉教授　小柴昌俊

1987年2月23日に大マゼラン星雲で起こった超新星爆発にともない、大量のニュートリノが地球を駆け抜け、そのうちのわずか11個がカミオカンデにその痕跡を残しました。カミオカンデによるニュートリノ天文学の創始です。カミオカンデは運が良かったという人がいますが、そうではありません。地球上に平等にニュートリノがやってきたのです。そして、太陽ニュートリノを検出しようと、カミオカンデを改造して準備していたからこそ、超新星爆発ニュートリノをとらえることができたのです。

このようにニュートリノ研究は、常に先手、先手と研究の先を見通して、実験装置を整備しなければなりません。幸いにも、カミオカンデを中心とする日本の若い研究者は私の研究姿勢を理解し、つぎつぎと新しい実験計画を実行して大きな研究成果を上げました。

顧みるに、カミオカンデやスーパーカミオカンデの実現、さらにスーパーカミオカンデの次世代実験装置のドーナツ（二つの半径の異なるドーナツ状の水チェレンコフ検出器を同心円状に配置した装置）の提案など、むかし描いた夢が一つ一つ現実のものとなることに喜びを感じます。

本書は、カミオカンデ以降のニュートリノ研究を先導した第一人者たちによるニュートリノ研究の生の声を書きとめたもので、発見現場の興奮を読者の皆さんに伝えることができるものと確信しています。

はじめに

岩手県立大学長　鈴木厚人

ニュートリノはその存在が確認されてはいたものの、ながらく、「謎の粒子」または「幽霊粒子」とよばれていました。その理由は、他の素粒子と比べてきわめて反応力が弱く、ニュートリノの正体の片鱗さえもなかなかとらえることができなかったからです。このニュートリノ研究の流れに歯止めをかけ、ニュートリノの正体の解明に向けた潮流を築いたのがカミオカンデです。

カミオカンデは、1世紀に一度遭遇するかどうかの大実験である陽子崩壊の探索を主目的に建設されました。これまでの素粒子実験装置にはなかった大容量の3000トン水チェレンコフ検出器が、まれに反応を起こすニュートリノ検出に対しても、大きな利点になりました。それに加えてカミオカンデは、ニュートリノ反応と疑似現象を引き起こす検出器内の自然放射性物質を除去する方法を開発しました。

カミオカンデによる「超新星爆発ニュートリノの初検出」、「消えた太陽ニュートリノの謎の検証」、「大気ニュートリノ異常の発見」は、これまで何も検出されないことから多くのことを学んできたニュートリノ研究を一変させました。なかでも、素粒子の根本的な特性である質量に関して、ニュートリノも有限な質量をもつ可能性が示唆され、ニュートリノ振動の検出が大きな研究課題になりました。

その後、スーパーカミオカンデ、K2K／T2K、カムランド等の実験がカミオカンデを引き継ぎ、世界的レベルでの競争の中でかずかずの研究成果を上げました。そして、「ニュートリノといえばニッポン」の時代を築きました。

本書はカミオカンデの始まりから、現在の最前線までのニュートリノ研究について、研究者たちが何を追い求めて実験を進め、どのように新しい発見を成し遂げてきたかを紹介します。

２０１６年５月

執筆者一覧

監修者

鈴木厚人　岩手県立大学長

執筆者

有坂勝史　カリフォルニア大学ロサンゼルス校教授
井上邦雄　東北大学ニュートリノ科学研究センター長・教授
梶田隆章　東京大学特別栄誉教授・同宇宙線研究所長
鈴木厚人　岩手県立大学長
鈴木英之　東京理科大学理工学部教授
鈴木洋一郎　東京大学国際高等研究所カブリ数物連携宇宙研究機構副機構長・特任教授
瀧田正人　東京大学宇宙線研究所准教授
中畑雅行　東京大学宇宙線研究所神岡宇宙素粒子研究施設長・教授
中家剛　京都大学大学院理学研究科教授
西川公一郎　高エネルギー加速器研究機構名誉教授

（五十音順。所属は２０１６年５月現在。）

目　次

1章　カミオカンデ——ニュートリノ探究の原点

1世紀の大実験、陽子崩壊を探す

陽子崩壊——すべての物質は崩壊するのか

1974年に新しい素粒子の理論である大統一理論（第2章参照）が提唱されました。この新理論は陽子が崩壊することを予言しました。陽子は中性子とともに原子核を形成し、そのまわりを電子が回っている描像が原子です。水素原子は、陽子1個のまわりを1個の電子が、酸素原子は8個の陽子と8個の中性子からなる原子核のまわりを8個の電子が回っています。このように陽子はすべての物質に含まれていて、陽子が崩壊するということは、すべての物質が崩壊してしまうことを意味します。

未来永劫安定であると考えられていた物質が崩壊することを検証する、1世紀に一度、遭遇するかどうかの大実験に、世界中の研究者が競って挑みました。物質の崩壊という衝撃的な言葉が独り歩きして、当時の週刊誌は「日本の頭脳集団が宇宙大崩壊の証拠探しに挑戦」とか「陽子は不死身の神話が、今破られようとしている」、「10^X年後　物質はすべて消滅する」というような見出しで取り上げました。しかし、心配することはありません、新理論の予言では陽子の寿命は約10^{30}年でした。宇宙の年齢は137億年、つまり約10^{10}年です。陽子の寿命は宇宙の年齢よりもはるかに長いのです。

この大統一理論の提案から5年後の1979年に、当時の東京大学理学部教授、小柴昌俊教授（以後、小柴先生）は陽子崩壊を検出する実験計画を提案しました。カミオカンデの卵の出現です。

陽子崩壊を検出するには

陽子崩壊の検出には大量の物質を用意しなければなりません。また、経費を節約するには安価な物質が必要です。これらの条件を満たす手軽な物質として水を使用することにしました。例えば、1000トンの水の中には約10^{32}個の陽子が含まれています。陽子の寿命を10^{30}年とすると、1年間に100個の陽子崩壊が見つかるはずです。そこで3000トンの水を円筒形の巨大水槽に蓄え、陽子崩壊によって出てくる粒子が水中で発するチェレンコフ光をとらえるために、多数の光電子増倍管を水槽の内壁に取り付けた実験装置で陽子崩壊を見張ることにしました。

陽子崩壊のように頻度の少ない現象を検出するには、地上に実験装置を置くと宇宙空間を駆けめぐっている陽子やヘリウムなどの宇宙線粒子が大気上空に突入した際に反応によって生成される、陽子、中性子、パイ中間子、ケイ中間子、ミュー粒子などなどの二次宇宙線が、つぎつぎと実験装置に入って反応を起こしチェレンコフ光を発するため、まれに起こる陽子崩壊を見落とす可能性が増します。そこで実験装置は二次宇宙線を避けるために、地中深くに設置しなければなりません。深ければ深いほど、二次宇宙線は岩盤に吸収されて、到達頻度は減ります。高い山の内部や深い地下で、岩盤が固く、アクセスが容易かつ安全な場所として、稼働中の鉱山や高速道路のトンネル内を候補地として実験場所の検討を始めました。

2　カミオカンデの誕生

実験施設をどこに

まず、候補に上がったのが、富士製鐵（当時）の釜石鉱山です。北上山地の岩盤の硬さは保証付きで、１５００メートル以上の深さが魅力でした。しかし当時、富士製鐵は八幡製鐵と合併して新日本製鐵になることを検討中で、研究に場所を提供する話などを相手にする余裕はないと断られました。

そこで、次は高速道路のトンネルを検討しました。候補地は谷川岳の中を貫く関越自動車道の関越トンネルと中央自動車道の恵那山トンネルです。トンネルの掘削には、まずパイロット・トンネル（先進導坑）を掘り、次に本坑を掘削します。この先進導坑を利用する計画です。しかし、非常時の避難路の確保などの理由で使用できないことを知り、これも断念しました。

めぐりめぐって神岡鉱山へ

そしてたどり着いた場所が、岐阜県吉城郡神岡町（現飛騨市神岡町）にある三井金属の神岡鉱山でした。神岡鉱山は、過去に小柴先生が二次宇宙線のミュー粒子を調べる実験で使用した馴染みの場所でしたが、浅いことが難点でした。それでも最大で１０００メートルの土の層がとれる場所に、大きな空洞を掘ることが可能と知り、神岡を実験場所に決定しました。実験プロジェクトの名称は、神岡核子崩壊実験（KAMIOKA Nucleon Decay Experiment）（核子は陽子と中性子を総称する呼び名です）の英語表記の頭文字を集めて、ＫＡＭＩＯＫＡＮＤＥ（カミオカンデ）と名づけられました。その後、カミオカンデは神岡ニュートリノ検出実験

（KAMIOKA Neutrino Detection Experiment）に変更しましたが、呼び名はカミオカンデを踏襲しました。

3　20インチ光電子増倍管の開発

光電子増倍管とは

光電子増倍管はガラス電球を大きくしたような形をしています（図１・１参照）。人間の頭と顔が一体となった中空の球形状の部分に首が付け加わった形状を思い浮かべてください。ガラス管内は高真空に保たれます。動作は人間の目と同じです。目は光を網膜に受け、網膜内の視神経を刺激し、この刺激が増幅されて脳に伝わります。光電子増倍管も同様で、光をガラス球の前面（光電面）で受けます。この光電面の裏側（内部）には特殊な金属が蒸着されていて、光のエネルギーによって電子を放出します。この電子を光電子とよびます。光電子はガラス球の内部に印加された電場や磁場によって、頭の部分から顔を通って首に導かれ、ここで幾重にも連なった電極によって、1個が2個、2個が4個とつぎつぎと増殖されます。1個の光電子が最終的には1000万倍にも増えて大きな信号となり、電子回路に送られて数値化されます。これが微弱な光を計測する光電子増倍管の原理です。

なぜ世界最大口径が必要か

陽子崩壊現象を精度よく検出するには、発生するチェレンコフ光をできるだけ多く集めることが必要です。このためには、検出器の全内壁面にすき間なく光電子増倍管を配置すればよいでしょう。しかし、3000トンもの巨大な容器の内壁面をすべて光電子増倍管で満たすには、1本1本の増倍管につながれているケーブルやコネクター、その先の電子回路を含めると

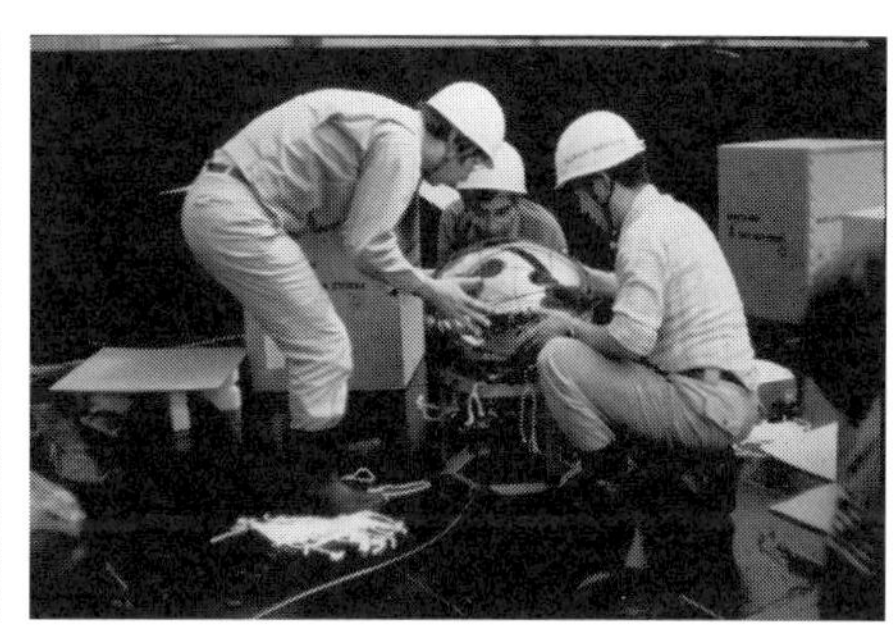

図1·1　(左)20インチ光電子増倍管と８インチ管、5インチ管との比較(浜松ホトニクス提供)。(右)高エネルギー物理学研究所における水槽試験。

莫大な費用がかかります。陽子崩壊検出の一番乗りを目指して世界と競っているときに、早く予算措置されるかどうかは死活問題です。

そこで、小柴先生は光電子増倍管の本数を減らして予算を節約する一方で、受光量を増やすために、光電面を大きくした大口径の光電子増倍管の開発を提案しました。当時は８インチの光電面の開発が世界で着手された頃でしたが、小柴先生の目標は25インチ（約50センチメートル）でした。このような前代未聞の大口径光電子増倍管の開発は容易なものではなく、提案を受けた浜松テレビ（現浜松ホトニクス）の社長さんは、軽々にその開発を引き受けられるものではないと思ったそうです。しかし、小柴先生の熱心さに打たれて、最後は首を縦に振ったと聞いています。そして、社長の「とにかくやってみろ」の一声で、社内に開発チームができたそうです。

研究チームも開発に参加

光電子増倍管の特性や効率の向上のためには、20インチの大きさが適していることが検討の結果わかり、１９８０年10月より20インチ光電子増倍管の本格的な試作が開始されました。光電子増倍管の製作は職人芸の高度な技術を必要とし、浜松テレビの技術者の大奮闘で、５か月後には20本の試作品が完成しました。研究チームも会社の寮に寝泊まりして行動を共にし、増倍管の性能評価試験に加わりました。

また、カミオカンデは光電子増倍管を水中で使用するために、ケーブルやコネクターの接続部に防水処理を施さなければなりません。研究チームはいくつかの方法を試験して会社に提案しました。さらに、高エネルギー物理学研究所（現高エネルギー加速器研究機構）に水槽をつくり、この中に20インチ光電子増倍管の試作品を配置して、防水効果や増倍管の固定方法の検討を行いました（図1・1）。また、増倍管は巨大な真空ガラス容器のために、万一破損した場合にはガラスが飛び散って人身被害を及ぼしかねません。そこで、増倍管を取り扱うときに着用する安全服の設計もしました。しかし身動きに不自由し、結局は使用しませんでしたが。

カミオカンデで使用する１０００本の20インチ光電子増倍管は、１９８２年5月までに神岡鉱山に納入されました。

4　カミオカンデの船出

カミオカンデ検出器の建設

いよいよカミオカンデ検出器の建設の開始です。３０００トンの水を蓄える直径15・6メートル、高さ16メートルの円筒形の水槽の全内壁面に、１０００本の20インチ光電子増倍管を、1平方メートルに1本の割合で均等に配置します。１９８２年の初頭から、鉱山の山頂直下１０００メートルの場所に検出器が入る空洞の掘削が始まりました。この掘削には10か月を要しました。次に水槽の建設が続き、１９８３年3月に終了しました。

３０００トンの水は、１０００メートルの岩盤を透過してきた地下水を汲み上げてフィルターやイオン交換樹脂、紫外線殺菌器による純水製造装置に通して使用します。これはチェレンコフ光が水中の不純物によって減衰や散乱しないよう、水の透明度を上げるためです。

実験室にはこのほかに、光電子増倍管から送られてくる電気信号を検知・増幅・加算等の処理をする電子回路やデータ処理用計算機を備えた計測室が完成しました。図1・2は３０００

トン水チェレンコフ検出器と実験室の図です。

実験開始

東京大学理学部、東京大学宇宙線研究所、高エネルギー物理学研究所、新潟大学の共同チームによるカミオカンデ検出器の建設が終了し、1983年7月6日からデータ収集を開始しました。当初は、いち早く陽子崩壊を見つけようと競って実験室のコンピュータの前に座り、1000本の光電子増倍管から送られてくる信号を調べましたが、なかなか陽子崩壊らしき現象が見つからず、少しずつ熱が冷めていったことを思い出します。

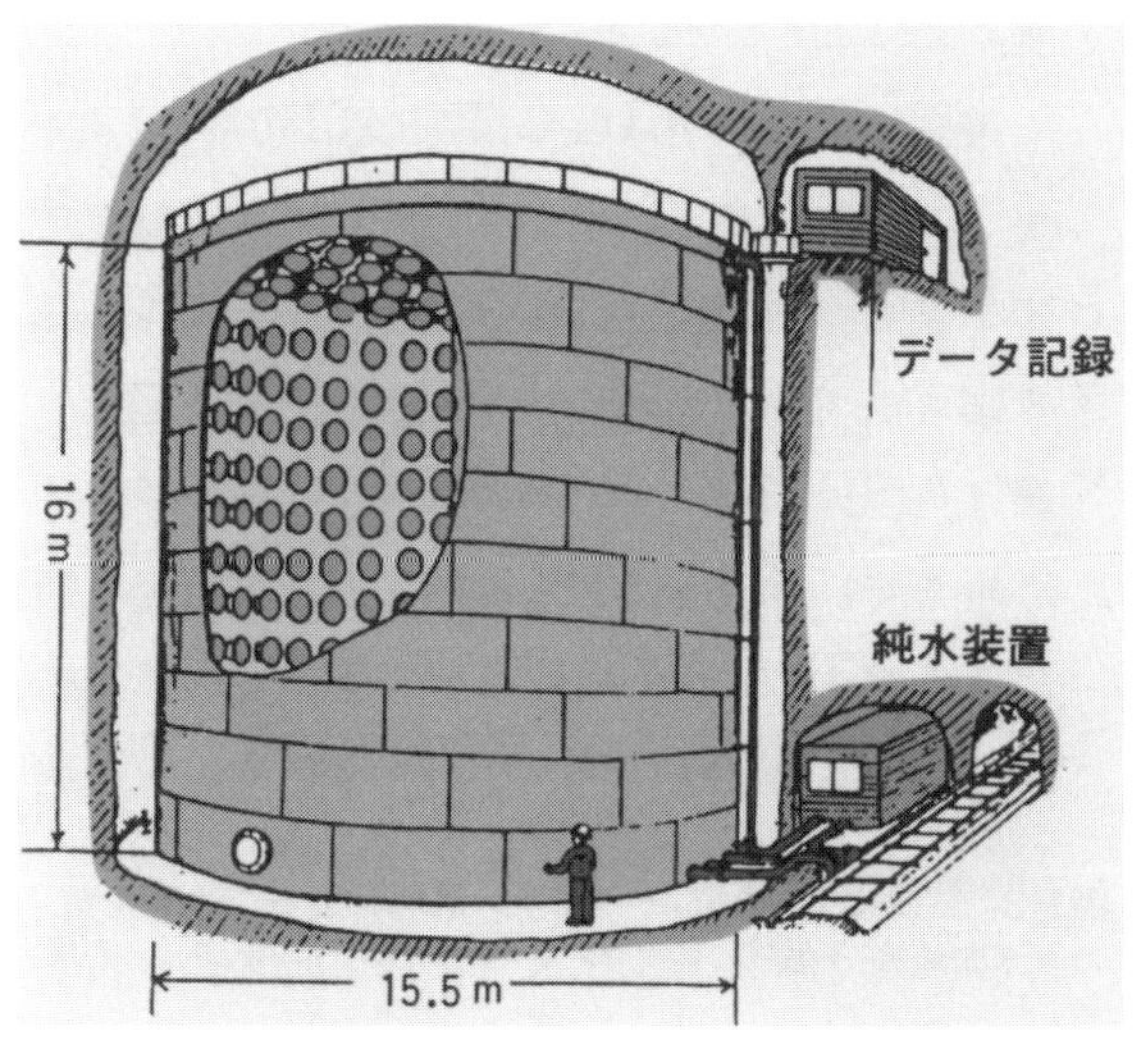

図1·2 神岡鉱山に設置されたカミオカンデの3000トン水チェレンコフ検出器（東京大学宇宙線研究所 神岡宇宙素粒子研究施設 提供）

しかし、それもつかの間の9月9日に陽子崩壊候補の最初の現象が検出され、興奮が一気に高まりました。この結果は1984年1月の国際会議で、小柴先生によって発表されました。その後も1984年4月までに1例が見つかり、詳細な検討が行われました。しかし、残念ながら他の要因で引き起こされる疑似現象（バックグラウンド）との識別能力や、実験誤差による決定精度の制限から、陽子崩壊と断定するに至りませんでした。その結果、陽子崩壊は新理論によって予言された寿命よりも長いと結論づけられました（第2章参照）。

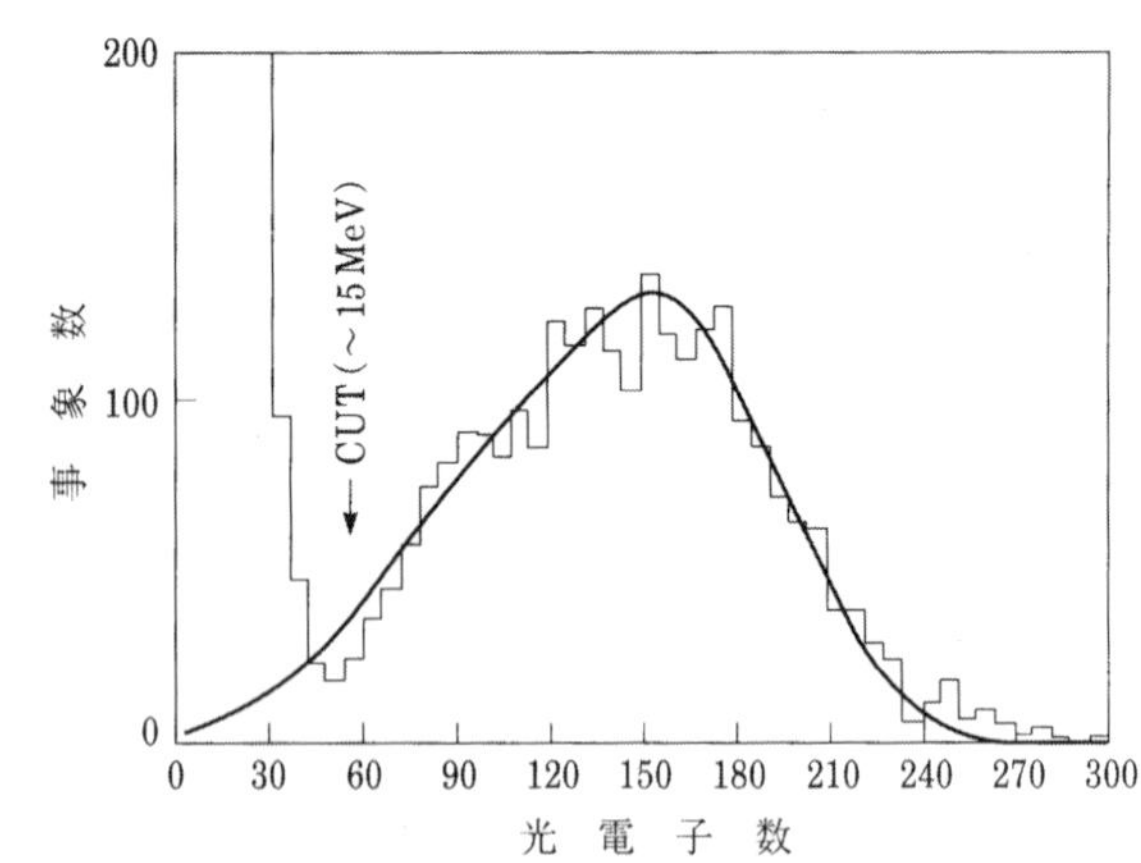

図1·3　二次宇宙線のミュー粒子の崩壊によって生じた電子のエネルギー分布。

5　ニュートリノ検出に挑戦

20インチ光電子増倍管の威力

カミオカンデの実験開始後に検出器の性能を確かめるため、１００メートルの岩盤をも透過するエネルギーの高い二次宇宙線のミュー粒子を用いて、ミュー粒子が検出器内で崩壊してつくられる電子のチェレンコフ発光量（電子のエネルギーに比例）を測定したところ、エネルギーの低い現象に対してもカミオカンデは高い検出能力をもっていることが確認されました。図１・３はミュー粒子崩壊にともなう電子のチェレンコフ発光量の測定結果です。測定データは理論による予想曲線とよく一致し、かつ矢印の15MeV（15メガ電子ボルト）の領域までエネルギーの測定が可能であることを示しています。これは、大口径光電子増倍管の威力にほかなりません。ここで1eV＝1電子ボルトは1ボルトの電極間で電子が加速されるエネルギーを表します。

図中の15メガ電子ボルト以下の急激な事象数の増加は、水中に含まれている放射性物質、特にウラン、トリウム、ラドンの自然崩壊にともなってつくられる電子によるものです。このデータを見て小柴先生は、水中の放射性物質の除去と外部からの混入を遮断して検出可能エネルギーを10メガ電子ボルト程度にまで下げることができれば、「消えた太陽ニュートリノの謎」として研究者を悩ませていた太陽ニュートリノの検出が実現できることを指摘して、カミオカンデ改造計画を提案しました。

消えた太陽ニュートリノの謎

私たちに日光の恵み与えてくれる太陽のエネルギーは、太陽の中心から半径30パーセント以内の中心部で起こっている核融合連鎖反応によって生じます。最終的には4個の水素から1個のヘリウムがつくられ、毎秒3.8×10^{26}ジュールのエネルギーが発生し、2個のニュートリノがつくられます。このニュートリノを太陽ニュートリノとよんでいます。太陽ニュートリノの検出は、太陽の一生を解明する直接的な手段となります。

最初の太陽ニュートリノ観測は、1970年代の初めにレイモンド・デービスを責任者とする米国グループによって行われました。このグループは南ダコダ州の金鉱の地下1500メートルに、ドライクリーニングの洗剤でもあるテトラクロロエチレン（C_2Cl_4）を615トン用いた太陽ニュートリノ検出器を建設しました。そして1975年までのデータの解析によって、太陽ニュートリノの量が星の進化を与える標準太陽理論から予想される量の3分の1しかないという、「消えた太陽ニュートリノの謎」とよばれる実験結果を報告しました。その後、実験手法の詳細な点検や標準太陽理論の再検討が試みられましたが結果は変わらず、別の手法による新たな実験が待望されていました（第3章参照）。

ニュートリノとは

ここでニュートリノについて説明します。ニュートリノは電子ニュートリノ、ミューニュートリノ、タウニュートリノの3種類あり、6種類のクォークや、電子、ミュー粒子、タウ粒子とともに物質を構成する基本単位の素粒子です。太陽ニュートリノは電子ニュートリノです。これらの素粒子には、質量や電荷などの値は同じで、符号のある性質が反対の反粒子が存在します。電子の反粒子は陽電子で電荷がプラスです。ニュートリノの反粒子を反ニュートリノとよびます。

　ニュートリノは他の素粒子と大きく異なり物質との反応力がきわめて弱く、たとえば太陽ニュートリノは、地球さえもらくらくと通過してしまいます。このためニュートリノの検出は非常に難しく、その正体は長いあいだ謎に包まれていましたが、カミオカンデに始まる日本のニュートリノ研究によって、ニュートリノが質量をもつことが発見されました。しかし、ニュートリノの質量は他の素粒子に比べて極端に小さく、電子の質量の100万分の1以下です。ニュートリノだけがなぜこんなに質量が小さいのか、多くの研究者が現在もこの難問に挑戦しています。

　実は、私たちの身のまわりはニュートリノで満ち満ちています。たとえば、地球にやってくる太陽ニュートリノの量は1平方センチメートルあたり毎秒660億個の量です。地球も通過しますから、私たちは昼も夜も太陽ニュートリノのシャワーを浴びているわけです。大気でつくられる二次宇宙線のなかにもニュートリノが含まれます。地上では手のひらに1秒間に1個以上の割合でニュートリノが降ってきます。地球内部でも地熱の発生源からニュートリノがつくられ、地上で1平方センチメートルあたり毎秒20万個の地球ニュートリノが吹き上がってきています。私たち自身もニュートリノを放出しています。私たちが摂取する多くの食物のなかにカリウムが含まれています。カリウムは細胞内外の水分の量を調節する重要な役割を果たしています。このカリウムの0・001パーセントは放射性で自然崩壊し、ニュートリノを出します。私たちは毎秒3000個のニュートリノを放出しています。

　地球をすり抜けるほど反応力の弱いニュートリノを検出するには、反応の頻度を上げるため大容量の検出器を用意しなければなりません。さらに二次宇宙線などの混入をさけるために、地下深くに検出器を設置することが必要です。陽子崩壊検出器とまったく同じ条件です。しか

図1·4　カミオカンデの改造。本書の著者で、梶田さん（右端）、中畑さん（中央）、瀧田さん（左から二人目）は当時、大学院生。

し、これだけではニュートリノの検出は不十分です。前にも述べましたが、ニュートリノ反応との区別が難しい疑似現象を引き起こす、放射性物質を徹底的に除去する新たな工夫が必要となります。

カミオカンデを改造

カミオカンデ・グループは陽子崩壊の検出効率の改善に加えて、太陽ニュートリノを検出しようと１９８４年春から検出器の改造に取りかかりました。主な改造点は、水槽の外から侵入する粒子の遮蔽や識別のため、３０００トン検出器を内水槽と外水槽の二重の構造にする、ニュートリノ反応の検出精度を上げるためにデータ収集電子回路系の機能を強化する、水中に含有する放射性物質のウランやトリウム、ラドンを除去する純化装置を増強することです。図１・４は３０００トン水槽の底面部を二重構造にする作業中の写真です。

太陽ニュートリノを検出するには図１・２の15メガ電子ボルト以下にある事象数を減少させ、検出可能エネルギーを約10メガ電子ボルトに下げなければなりません。これを実現するために、水中の放射性物質を除去するというまったく未経験の取り組みが始まりました。海水からウランを抽出するプラント技術の応用、ウランやラジウムを吸着する樹脂の使用、水中から酸素を除去する装置を気体のラドン除去用に改良などなど、試行錯誤をくり返しながら純化装置の開発を進めました。

ほぼ1年後の1985年の春から、開発と並行して純化装置を稼働させ放射性物質の除去能力を調べました。稼働当初は10メガ電子ボルトよりも低い8・5メガ電子ボルト以上の事象数は毎秒500くらいでしたが、1年後には数個まで減少しました。しかし、作業は順調ではなく何度も純化装置に故障が発生し、そのたびに坑内空気に含まれているラドンが水槽内に入り事象数が増加しました。この傾向はしばらく続きましたが全体としては減少し、毎秒1個以下のレベルにまでに到達しました。

太陽ニュートリノ観測の準備完了

カミオカンデの改造は、2年半ほどの月日を費やし、1986年12月までにエネルギー測定可能な下限値を8メガ電子ボルトまで下げることに成功しました。ついに太陽ニュートリノ検出のレベルに到達し、本格的な測定を開始しました。

太陽ニュートリノの観測が始まってすぐに、一大イベントに遭遇しました。それはほぼ2か月後の1987年2月23日に、地球から約16万光年離れた、天の川銀河の隣にある大マゼラン星雲で、超新星爆発が観測されたのです。この超新星爆発は肉眼でも観測されました。このような明るい超新星の出現は、ケプラーが自分でつくった望遠鏡で超新星爆発を観測して以来、383年ぶりの歴史的できごとでした。星の進化の理論によれば、超新星爆発にともない大量のニュートリノが放出されたはずです。10メガ電子ボルト前後のエネルギーが主である超新星ニュートリノは、さらに低いエネルギーのニュートリノにも検出能力をもつように改造されたカミオカンデにとっては格好のお相手でした。

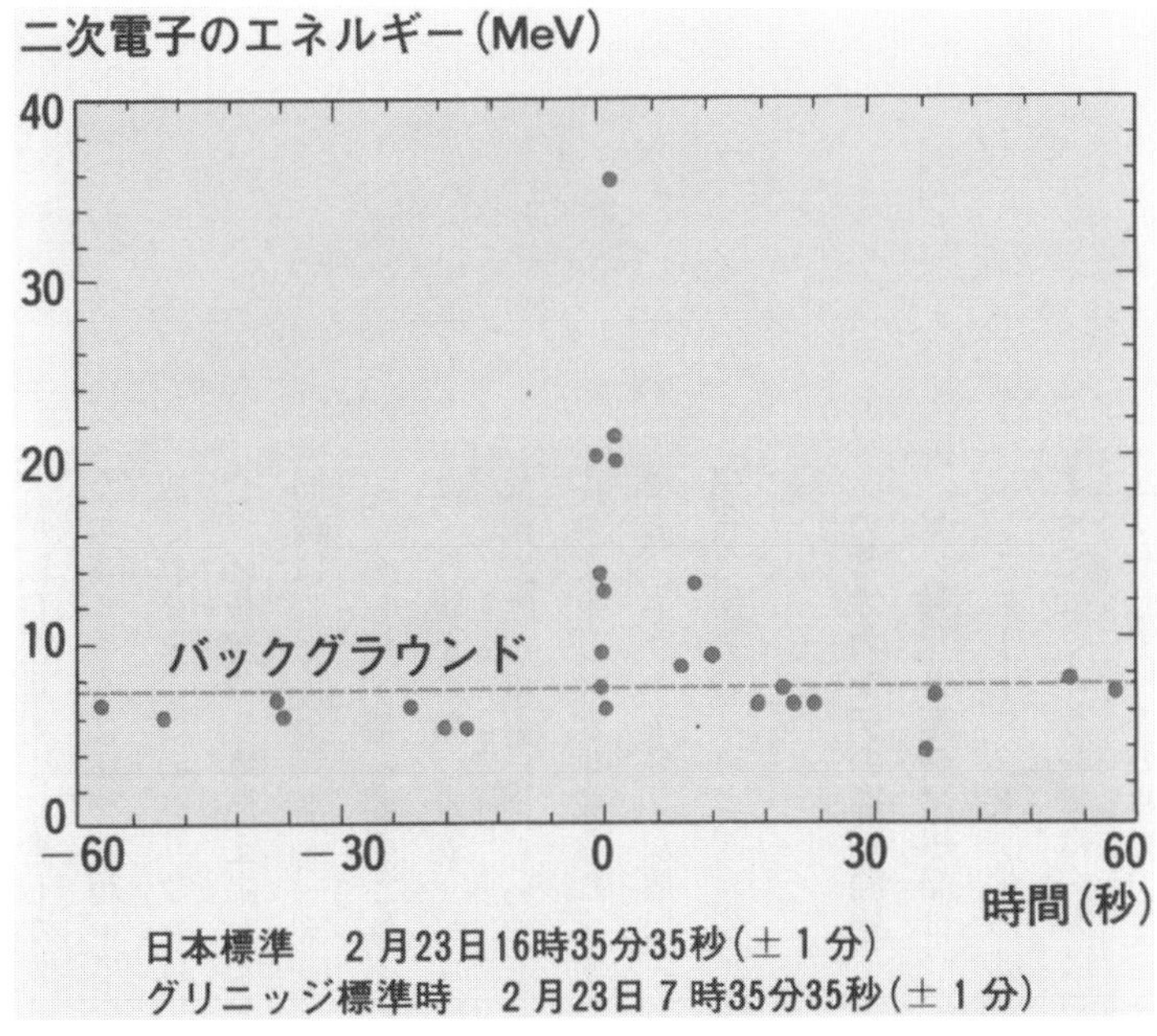

図1·5　超新星爆発ニュートリノの観測データ。中央０秒から始まる例11がニュートリノ事象。前後のエネルギーの低い事象はバックグラウンド。

6　超新星爆発ニュートリノの初検出に成功

星の進化理論の初検証

１９８７年２月25日に米国から、大マゼラン星雲に超新星が起こったことを知らせるファックスが入りました。早速、25日までの実験データを東京大学に送るよう神岡実験室に指示が出されました。当時はデータの記録媒体として、直径30センチメートルほどの磁気テープを使用していました。数日分のデータを宅配便で東京に送り、27日に到着、すぐに解析が始まりました。そしてカミオカンデは、日本時間の２月23日16時35分35秒から13秒間に11例のニュートリノ反応の検出を確認しました。図１・５はニュートリノとバックグラウンド事象のエネルギーと発生時間分布です。

この11例の事象から超新星爆発のメカニズムが明らかにされました。それによると、太陽の質量の15～20倍の星が爆発し、その星は太陽質量の１・２～１・８倍の中性子星になりました。爆発によって放出されたエネルギーのうちの99パーセント以上に相当する約10^{53}エルグが、ニュートリノによって宇宙空間にもち出されました。地球には１平方センチメートルあたり１０

0億個のニュートリノが通り抜けたことになります。また、肉眼でも観測されるくらいに明るく輝いた光のエネルギーは1パーセント以下でした。

星は自己重力で結合したガス（主成分は水素）の塊であり、内部の核融合反応によって生じたエネルギーによって輝いています。中心の水素が燃え尽きると燃えカスとしてヘリウムが形成されます。このヘリウムは星全体の重力によって圧縮され、温度の上昇によってやがて核融合反応を起こして燃え出します。このようにして太陽の12倍以上の質量をもつ重い星は、以後同様にして炭素、酸素、ネオン、シリコンとつぎつぎに重い元素が星の中心部に形成されます。そして、最も安定な鉄が形成されるまで核融合反応が進行します。このときの星の内部は、外層から順に水素、ヘリウム、……、鉄のタマネギ状の層構造になっています。そして、最後に鉄が重力に押しつぶされて崩壊し、超新星爆発を引き起こします。このとき、大量のニュートリノが生成されます。さらに、崩壊後の星の中心にできる原始中性子星が冷える過程でも、ニュートリノが放出されます。超新星爆発によって生まれるニュートリノは、星の進化過程と爆発のメカニズムの証言者なのです（第4章参照）。

カミオカンデの進撃開始

星の進化と超新星爆発についての理論が初めて検証されました。太陽ニュートリノ検出の前に、ニュートリノ天文学の創始という歴史的成果がカミオカンデにもたらされました。これによってカミオカンデは、太陽ニュートリノの検出に十分な性能をもっていることを証明しました。そして、その後の太陽ニュートリノ消失現象の再発見、スーパーカミオカンデにおけるニュートリノ質量の発見につながる大気ニュートリノ異常現象の発見などの快進撃が始まります。

7　太陽ニュートリノの謎に迫る

カミオカンデの強み

太陽ニュートリノ観測の先駆者で「消えた太陽ニュートリノの謎」の太陽ニュートリノ問題を提起した米国グループの実験は、テトラクロロエチレン中の塩素がニュートリノと反応して生成されるアルゴンを、一定期間後に検出器から抽出して計測することによってニュートリノの量を測定します。しかし、反応を起こしたニュートリノが太陽ニュートリノであるとの保証はありません。既知のニュートリノ源の中では、太陽ニュートリノが最有力候補であるとの判断です。

一方、カミオカンデは水中の電子とニュートリノが反応して電子が前方にけりだされ、そのときに生じるチェレンコフ光を検出します。チェレンコフ光の発生時間から太陽の位置が確定され、チェレンコフ光の発光方向からニュートリノの入射方向が、チェレンコフ光の量からニュートリノのエネルギーが計測されます。これらの情報をもとにして、太陽方向から飛来したニュートリノで、しかも太陽ニュートリノのエネルギーと一致するかどうかが検証され、太陽ニュートリノの同定が行われます。

やはり太陽ニュートリノは少なかった

カミオカンデは1989年に、測定開始から約1000日間のデータを使用して解析結果を発表しました。太陽ニュートリノの数と標準太陽理論からの予想数の比は、0.46±0.05（統計誤差）±0.06（系統誤差）で、予想の約2分の1でした。また、エネルギー分布は太陽ニュートリノの分布を2分の1にすることによって、実験結果をよく再現しました。これによって、

「消えた太陽ニュートリノの謎」は異なる手法の高精度実験によって確認されました。ことは一大事です。これまで半信半疑でいた素粒子物理学者や天体物理学者も加わって、原因究明の熱い議論がわきあがりました。また、新しい太陽ニュートリノ検出実験も提案されました。

太陽の問題か、ニュートリノの問題か

問題の解決に向けた取り組みの一つは、標準太陽理論に新しい力学や概念を導入して非標準太陽理論を構築することです。しかし「消えた太陽ニュートリノの謎」の発見以来、20年以上もの長いあいだに多くの非標準太陽理論が提案されましたが、どれも満足のいく解釈を与えることができませんでした。さらに、ドイツやイタリア、ロシアのグループによる新しい太陽ニュートリノ実験の結果は、ますます非標準太陽理論による解決を困難にしました。

もう一つの解決方法は、ニュートリノに未知の性質を付与することでした。ニュートリノが寿命や質量をもつ場合、つくられてから検出器に到達するまでになんらかの変化を起こし、検出されないとする解釈です。もしそうとすれば、ニュートリノの新たな性質の発見になります。

8　大気ニュートリノも謎

昨日のノイズは今日のシグナル

この宇宙空間には星の進化の過程と超新星爆発を引き起こす重力崩壊の進行中につくられ、放出された高エネルギーの粒子が飛び交っています。これを宇宙線とよんでいます。粒子の種類は周期表のほぼすべての元素に対応しますが、主成分は軽い水素やヘリウムです。

これらの宇宙線が地球大気に突入すると、空気中の酸素や窒素と反応して種々の粒子をつく

$$\pi^+(\pi^-) \longrightarrow \mu^+(\mu^-) + \nu_\mu(\text{反}\nu_\mu)$$

$$\mu^+(\mu^-) \longrightarrow e^+(e^-) + \text{反}\nu_\mu(\nu_\mu) + \nu_e(\text{反}\nu_e)$$

り、これらの粒子がさらに空気と反応して粒子をつくるという粒子生成の雪崩現象を引き起こします。ここでつくられる粒子を総称して二次宇宙線とよんでいます。大気ニュートリノは二次宇宙線の中のパイ中間子が、ミュー粒子とミューニュートリノへ崩壊し、引き続きミュー粒子が、電子とミューニュートリノと電子ニュートリノへ崩壊することによってつくられるニュートリノの総称です。粒子のもっている電荷を考慮すると、上の式のような崩壊過程です。

この過程から、ミューニュートリノと電子ニュートリノの比は2対1であることがわかります。大気ニュートリノは、カミオカンデの最初の研究目的であった陽子崩壊現象と疑似の現象を引き起こすノイズ源として嫌われ者でした。しかし大気ニュートリノ現象と陽子崩壊現象とを識別することは必要不可欠で、詳細な解析が行われました。その結果、この嫌われ者が大変身しました。昨日の嫌われ者であるノイズが、今日は新しい物理現象の信号、すなわちシグナルになったのです（第5章参照）。

大気ニュートリノ！お前もか

陽子崩壊実験の開始後しばらくしてデータが蓄積されると、おかしな現象に突き当たりました。電子ニュートリノの検出数は理論予測どおりでしたが、ミューニュートリノ検出数が予測よりも少なかったのです。当初はデータの数がまだ不充分のため、統計誤差の範囲かと思っていましたが、データが蓄積されるにつれて理論予測からのずれはますます顕著になりました。電子ニュートリノ数の測定値の予測値に対する比が約1であるのに対してミューニュートリノ数の測定値の予測値に対する比が約0・6だったのです。つまり、大気ニュートリノ中のミューニュートリノと電子ニュートリノの比が2対1でなく、約1・2対1でした。太陽ニュートリノと同様に、一部のミューニュートリノが消えてしまったのです。カミオカンデは、この大気ニュートリノ異常現象を発見しました。

大気ニュートリノ異常現象を理解するために太陽ニュートリノのときと同じく、大気ニュートリノが大気中でつくられる過程の精査と、ニュートリノ自身に新たな性質を考慮することが検討されました。特に、太陽ニュートリノ消失現象と大気ニュートリノ異常現象が、同じニュートリノの新たな性質によって引き起こされるとする解釈が有望になりました。そして、これまでの素粒子理論ではゼロとされていたニュートリノの質量が有限であるとする可能性が強まり、ニュートリノ研究は新たな局面を迎えることになりました。

9 まとめ——もっと光を！ スーパーカミオカンデの待望

カミオカンデ——最高の評価

2002年のノーベル物理学賞は、「天体物理学とくに宇宙ニュートリノの検出へのパイオニア的貢献」によりカミオカンデの小柴先生と米国の太陽ニュートリノ観測グループのレイモンド・デービスに授与されました。カミオカンデの成果が最高の評価を得ました。

ニュートリノの反応力が弱いということは、地球、太陽、さらには宇宙の奥底で生成されるニュートリノが何ものにも邪魔されずに、つくられたときの情報を背負って宇宙を飛び交っていることを意味します。たとえば、太陽内部で生成されるニュートリノはほとんどが反応せずに8分30秒で地球にやってきます。すなわち私たちは、太陽ニュートリノを観測することによって、約8分前の太陽の中心部の現象を調べることができるのです。一方、ニュートリノと同時につくられる光は、つぎつぎとまわりの物質と反応をくり返し、太陽表面に到達するまでに約100万年かかります。いまの太陽の輝きは100万年前につくられたエネルギーによるものです。ニュートリノは宇宙の真の姿を伝える使者、つまり宇宙のメッセンジャーなのです。カミオカンデはこのことを証明しました。そして、ニュートリノ天文学という新しい研究分野を創始しました。

カミオカンデ――ニュートリノに質量を

カミオカンデによる太陽ニュートリノの消失現象と大気ニュートリノ異常現象の解析から、これらの現象をべつべつではなく、質量をもつニュートリノが飛行途中に他の種類のニュートリノに変化するニュートリノ振動（第3章、第5章参照）によるものであるとする兆候を示すデータが蓄積されました。

現時点で素粒子を記述する確立された理論である素粒子標準理論（第2章参照）は、ニュートリノの質量を、実験で見つかっていないためゼロと扱っています。ニュートリノの質量がゼロである根拠はありませんが、ゼロとしても素粒子現象の解釈に矛盾を与えない理由からゼロとおいているだけです。

すなわちニュートリノの質量の発見は、標準理論をぬり替える新しい素粒子理論を要請する大発見になります。カミオカンデはその片鱗をとらえました。

もっとチェレンコフ光を！

ニュートリノが質量をもつことの片鱗から全体像を明らかにするには、もっと多くの実験データを用いた精密な解析が必要です。もっとデータを、すなわち、「もっとチェレンコフ光を」を実現するために、カミオカンデよりも大型の実験装置、5万トン水チェレンコフ検出器、「スーパーカミオカンデ」が提案されました。カミオカンデの約10年分のデータが1年で取得できます。また、最初の研究目的であった陽子崩壊の検出にも期待がかかります（第6章参照）。

スーパーカミオカンデは1991年に予算が認められ建設に着手し、1996年から実験を開始しました。また、カミオカンデの跡地には、水ではなく油を用いた低エネルギー・ニュートリノ検出器「カムランド」が、2002年から始動しました（第8章参照）。カミオカンデがまいた種は大きく成長して、「ニュートリノといえばニッポン」の時代が訪れます。このような観測と発見の流れを次章以降でくわしく見ていきましょう。

2章　陽子崩壊を探す

1　物質の崩壊

放射性物質の発見

1896年、フランスの物理学者、アンリ・ベクレルによって放射線が発見されました。ウラン塩を写真フィルムに包んで引き出しに保管していたところ、フィルムが光を受けたかのように黒ずんで感光しているのを見つけ、ベクレルはウランから何かが出ていると考えてこれを「ウラン線」と名づけました。その後の調べで、ウラン線は原子を構成している原子核が他の原子核に自発的に崩壊するときに放出されたものであることが突き止められました。原子核がより軽い原子核へ崩壊し、その際にウラン線がつくられたのです。現在では、ウラン線は、アルファ粒子（ヘリウムの原子核）、ベータ粒子（電子）、ガンマ線（光子、エネルギーの高い光）の3種類であることが確認され、総称して放射線とよばれています。

それまで、すべての原子は未来永劫にわたって不変であると信じられていたことが、間違いであることになりました。自然崩壊する放射性物質の発見です。当初は、ウランやラジウムなどに放射線が検出され、重い原子のみの特性と考えられていました。しかし、酸素や炭素のような軽い原子はどうなのでしょうか。もっとも軽い原子である水素の原子核の陽子は自発的に崩壊しないのでしょうか。電子はどうでしょうか。

物質の安定性と保存則

重い物質のみではなく陽子とともに原子核を構成する中性子が、原子核の束縛から離れて単体で存在するとき、より軽い陽子と電子とニュートリノへ崩壊する現象が見つかりました。しかし、陽子から中性子と電子とニュートリノ、または電子とニュートリノ、さらに電子がニュートリノと光子などへ崩壊する現象は未検出です。そうすると、物質の安定性を保証する何かがあるのではないかと、疑問がわきます。

自然現象の中には、決して破られることのない規則があります。それは、エネルギーや電荷などの保存則です。アインシュタインの相対性理論から導かれるエネルギーと質量の等価性（$E = mc^2$［エネルギー＝質量×光速の2乗］）を用いると、軽い粒子から重い粒子への崩壊はエネルギー保存則によって禁止されます。一方、重い粒子から軽い粒子への崩壊では、質量の差が軽い粒子の運動エネルギーなどに費やされてエネルギー保存則は成り立ちます。

ここで、陽子の電荷（+1）、電子の電荷（−1）、中性子、ニュートリノ、光子の電荷（0）を用いると、中性子が陽子よりも重いことから、

中性子 ⟶ 陽子 ＋ 電子 ＋ ニュートリノ

の崩壊はエネルギー保存則と電荷保存則を満たすため許されますが、

陽子 ⟶ 中性子 ＋ 電子 ＋ ニュートリノ、

陽子 ⟶ 電子 ＋ ニュートリノ、

電子 ⟶ ニュートリノ ＋ 光子

の崩壊はエネルギー保存則、または、電荷保存則によって禁止されます。このように、保存則を満たすかどうかによって、物質の崩壊、または安定が決まります。

2　素粒子標準理論

陽子の安定性をさらに議論するには、物質の基本構成粒子である素粒子に関する理解が必要になります。ここで、現在、もっとも実験による検証が進んでいる素粒子標準理論（以下、標準理論）の話をします。

素粒子の種類

すべての物質は原子から構成されています。しかし、原子は素粒子ではなく、その中心に原子核があり、そのまわりを電子が回っています。原子核は陽子または、陽子と中性子によって構成されています。たとえば、炭素原子は陽子6個と中性子6個でつくられる原子核のまわりを6個の電子が回っています。さらに、陽子や中性子は素粒子ではなく、1969年にその内部にクォークと名づけられた粒子の存在が発見されました。現段階では、私たちの身のまわりの物質の最小単位である素粒子はクォークと電子です。しかし、宇宙はもっと多くの素粒子から成り立っていることが確認されました。それらは、u（アップ）、d（ダウン）、s（ストレンジ）、c（チャーム）、b（ボトム）、t（トップ）の6種類のクォークと、電子、ミュー粒子、タウ粒子、電子ニュートリノ、ミューニュートリノ、タウニュートリノという、軽い粒子の意味をもつレプトン6種類です。さらに、クォークやレプトンには、それぞれ反粒子が存在します。反粒子は質量や電荷などの数値は粒子と同じで、符号のみが正反対の粒子です。たとえば電子の反粒子は陽電子で、+1の電荷をもっています。また、陽子の反粒子の反陽子は−1の電荷をもっています。

素粒子にはこのほか、ゲージ粒子が加わります。日本で最初にノーベル賞を受賞した湯川秀樹は、原子核内の陽子や中性子は粒子を投げ合って（交換して）結合していることを示しました。キャッチボールのボールに相当する粒子は、パイ中間子と命名され、実験によって発見されました。湯川理論は以後、素粒子理論の根幹の役割を担っています。このように力を媒介する粒子のことをゲージ粒子とよんでいます。現在、力の基本要素には、電気、磁気を帯びた粒子に働く電磁気力、クォーク間の結合を担う強い力、放射性物質の崩壊に関与する弱い力、質量をもつ粒子に働く重力の4種類あります。そして、これらの力を媒介する粒子がそれぞれ、光子、グルーオン、弱ボソン、重力子です。

ここまでの整理では、素粒子はクォーク6種類、レプトン6種類、ゲージ粒子4種類になります。

標準理論

一見、異なって見える磁気と電気による現象は、コイルに電流を流すと磁場が生じ、磁石をコイルに近づけたりまたは遠ざけたりするとコイルに電流が流れるように、同一の要因によって生じるものと理解できます。1864年にジェームズ・マクスウェルは、磁気と電気が同じ数学形式で表せるとして電磁気力の理論、マクスウェル方程式を導きました。このように、より基本的な力への統一はより基本的な素粒子への統一と同じく、素粒子研究が目指す方向です。

1961年にシェルドン・グラショウは電磁気力と弱い力が同じ数学形式で記述されることに着目して、さらに基本となる力、電弱力を導入し、それが電磁気力と弱い力に分化したとする電弱統一理論を提唱しました。しかし、この理論には少し無理がありました。それは、すべての素粒子の質量が0になってしまうことです。その後、スティーヴン・ワインバーグとアブ

表2·1　標準理論で扱う粒子、反粒子の種類と性質

	クォーク						レプトン						力の媒介粒子（ゲージ粒子）				質量を与える粒子
粒子	u	c	t	d	s	b	ν_e	ν_μ	ν_τ	e^-	μ^-	τ^-	γ	g	W^-	Z^0	H^0
	アップ	チャーム	トップ	ダウン	ストレンジ	ボトム	電子ニュートリノ	ミューニュートリノ	タウニュートリノ	電子	ミュー粒子	タウ粒子	光子	グルーオン	弱ボソン		ヒッグス
電荷（e）	+2/3	+2/3	+2/3	−1/3	−1/3	−1/3	0	0	0	−1	−1	−1	0	0	−1	0	0
スピン	フェルミオン												ボソン				
	1/2	1/2	1/2	1/2	1/2	1/2	1/2	1/2	1/2	1/2	1/2	1/2	1	1	1	1	0
バリオン数	+1/3	+1/3	+1/3	+1/3	+1/3	+1/3	0	0	0	0	0	0	0	0	0	0	0
反粒子	$\bar{u}$	$\bar{c}$	$\bar{t}$	$\bar{d}$	$\bar{s}$	$\bar{b}$	$\overline{\nu_e}$	$\overline{\nu_\mu}$	$\overline{\nu_\tau}$	e^+	μ^+	τ^+	γ	g	W^+	Z^0	H^0
電荷バリオン数	粒子の値に逆符号																
スピン	粒子と同じ値																

ドゥス・サラムは、電弱統一理論の形式を満たし、かつ素粒子に質量を与えることができるヒッグス機構を取り入れることによって、この難問を解決しました。ヒッグス機構を含む電弱統一理論のことをワインバーグ–サラム理論、またはグラショウ–ワインバーグ–サラム理論とよび、標準理論と総称されています。グラショウ、ワインバーグ、サラムは、１９７９年にノーベル賞を受賞しました。

ヒッグス機構は、真空中に充満しているヒッグス粒子と素粒子との結合力の大小によって素粒子の質量が決まるしくみです。質量が０の粒子は真空中を光の速さで進むことができますが、質量をもつ粒子は、その質量の大きさに比例するヒッグス粒子からの抵抗力を受けて、速さが光速より遅くなると考えてください。このため、新しく導入されたヒッグス粒子の発見が標準理論の決め手でした。２０１２年３月は記念すべき日になりました。欧州合同原子核研究機構（ＣＥＲＮ）で、ヒッグス粒子が発見されたのです。２０１３年のノーベル物理学賞は、ヒッグス機構を提唱したフランソワ・アングレールとピーター・ヒッグスに授与されました。

標準理論で扱う素粒子は、6種類のクォークとレプトン、重力子を除く3種類のゲージ粒子、ヒッグス粒子の計16種類です。表2・1にこれらの素粒子の性質をまとめました。

3　陽子は安定か?

バリオン数保存則

第2節で物質の安定性には、エネルギーや電荷等の保存則がかかわっていることを話しました。では、エネルギー保存則と電荷保存則を満たすような陽子の崩壊の可能性はないのでしょうか?　標準理論の枠組では、陽子は3個のクォークから、パイ中間子やケイ中間子などの中間子はクォークと反クォークの対から構成されます。そうすると、陽子→陽電子+中性パイ中間子+ニュートリノの崩壊は、エネルギー保存則と電荷保存則を満たすために許されるはずです。そのほかにも、ミュー粒子やケイ中間子を考慮するともっと多くの崩壊の可能性が考えられます。しかし、このような陽子の崩壊はこれまで検出されていません。この矛盾を回避するために、標準理論では新しい保存則、バリオン数保存則が導入されました。表2・1から、陽子のバリオン数は三つのクォークのバリオン数の和で+1、電子とニュートリノのバリオン数は0、クォーク・反クォーク対のパイ中間子のバリオン数は0（+1/3−1/3）で、

陽子 ⟶ 陽電子+中性パイ中間子+ニュートリノ

の崩壊はバリオン数保存則を破ることになります。現在、存在が確認されている粒子のうち、陽子よりも軽い粒子の組み合せによる崩壊過程はどれもバリオン数保存則を破ります。すなわち、陽子の崩壊は禁止されます。

一方、保存則は一般には重要な物理的意義をもっています。エネルギー保存則は、運動系の内部での時間の刻みの一様性、運動量保存則は空間の一様性、角運動量保存則は空間の等方性

から導出されます。また、電荷保存則は電磁気力という力の存在が背景にあります。では、バリオン数保存にはどのような物理的意義があるのでしょうか。バリオン力があるとしても電磁気力よりも40桁以上も弱く、素粒子反応には寄与しないことがわかります。いまのところ、バリオン数保存則を導く時空の特性は確認されていません。

宇宙論からの制約

ビッグバン宇宙論では、宇宙創成から10^{-34}秒後にビッグバンが起こり、宇宙のエネルギーが物質の生成に費やされて、現在の宇宙の初期宇宙が形成されたと考えられています。アインシュタインによるエネルギーと物質の等価性は、真空のもつエネルギーから物質がつくられることを意味し、ビッグバン後の物質のもつ電荷などの符号をもつ量の総計は0になります。すなわち、物質と反物質が同じ量、つくられたことになります。バリオン数が0の宇宙の誕生です。しかし、現在の宇宙は物質のみで、反物質は観測されていません。1960年代にソビエト連邦（現ロシア）のアンドレ・サハロフは、宇宙は同量の物質と反物質から始まったが、バリオン数を破る反応の存在を含む三つの条件により、現在の物質のみの宇宙がつくられたとする考えを示しました。バリオン数保存則が怪しくなってきました。

標準理論の限界

標準理論から予言される多くの現象は、これまでの実験によって、高精度で検証されています。さらに、ヒッグス粒子の発見によって、標準理論は完成したという人もいますが、一方でかずかずの欠点が明らかです。まず第一に重力が含まれていません。次に、ニュートリノが質量をもつときに要求されるもう1種類のニュートリノを含んでいないために、ニュートリノの質量は0です。さらに、電磁気力、弱い力、強い力の大きさ、クォークやレプトンの数、クォークやレプトンの質量などの量は、理論では決められず、実験値を借用しなければなりません。

このように標準理論は実験によって確立されてきているにもかかわらずその限界が指摘され、標準理論の数学形式は正しいとして踏襲しつつ、さらに拡張した理論の構築が検討されました。

4　標準理論から大統一理論へ

さらなる力の統一

バリオン数保存則が怪しいとはいえ、陽子が崩壊するとしてもその寿命は10^{16}年以上の長寿命であることが示されました。そうでないと、人間の体内にある約10^{28}個の陽子が1秒間に3万個以上の割合で壊れていくことになり、健康に支障をきたすからです。

1973、74年頃に多くの研究者により、標準理論で電磁気力と弱い力を統一して電弱力を導いた手法を用いて、電磁気力、弱い力、強い力の3力を統一する大統一理論が提案されました。標準理論を放棄するのではなく、拡張した理論です。

ここで、力の統一についての意味を詳しく調べてみます。大統一理論では電磁気力と弱い力、強い力の強さは、観測する運動系のエネルギーによって変化し、エネルギーが増加すると、電磁気力と弱い力はその強さが増加し、強い力は減少します。そして、あるエネルギーのところで3力の強さが一致して、一つの大統一力に統合されると考えます。大統一理論が予言する、大統一力が実現されるエネルギーの大きさは10^{16}ギガ電子ボルト（ギガ＝10^9）のオーダーです。このエネルギーが、大統一力を媒介する大統一ボソンの質量です。現在、世界最大の加速器で到達できるエネルギーが約10^3ギガ電子ボルトですから、とてつもなく大きなエネルギー状態です。この話をさらに拡張すると、もし、残っている重力をも含めた4力がもっと高エネルギーの状態で超大統一力の1種類に統一できれば、その世界では素粒子を識別する力の違いがなくなり、素粒子も1種類になります。究極の素粒子の世界が実現されます。この世界こそが宇宙の始まりで、宇宙は1種類の力と素粒子から誕生したと考えられます。

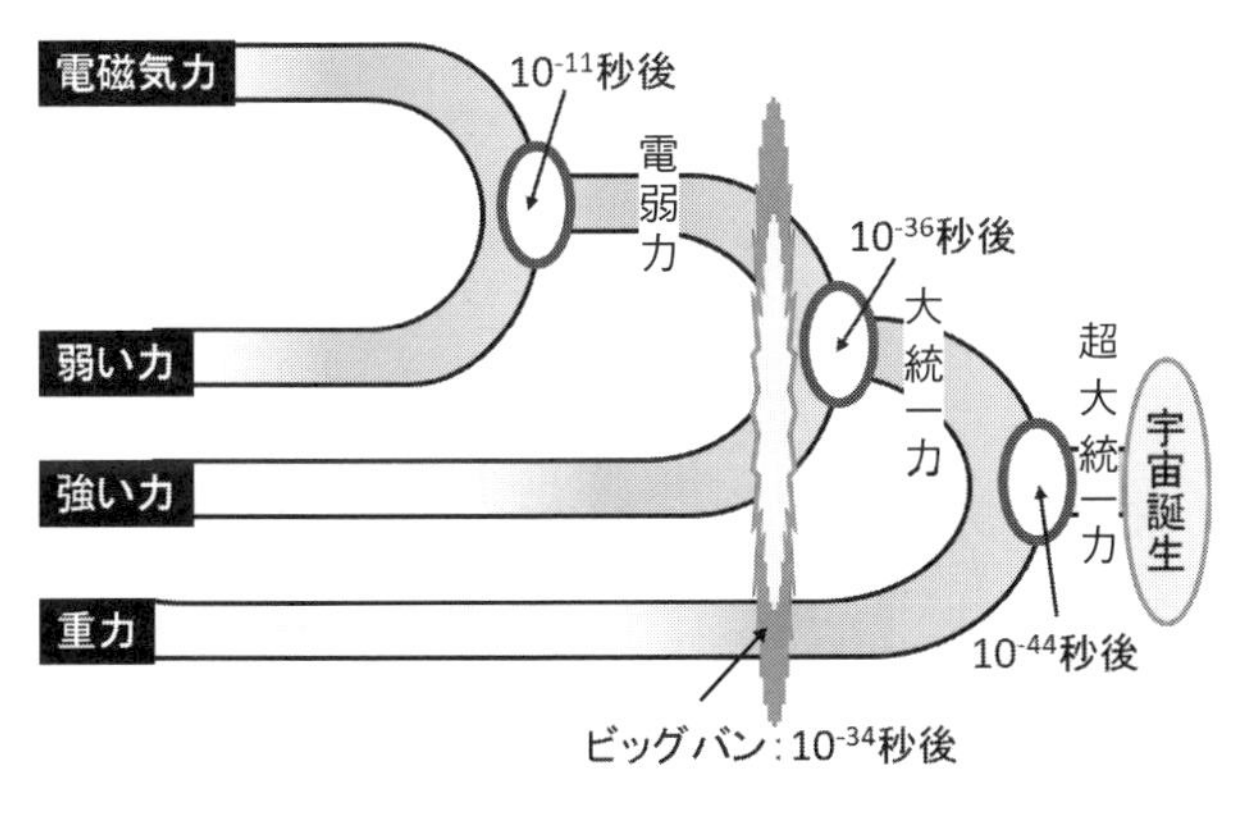

図2·1　力の統一と宇宙誕生・進化

時間を逆に回して宇宙誕生から進化をたどると次のようになります。宇宙の始まりは莫大なエネルギーをもっていて、超大統一力と1種類の素粒子の状態でした。そして、宇宙が膨張するにつれて冷えて温度が下がり、すなわちエネルギーが減少し10^{-44}秒後に超大統一力が重力と大統一力に分化し、10^{-36}秒後に大統一力が強い力と電弱力に分化しました。ここで、強い力を媒介できるクォークとできないレプトンが識別されます。そして、その直後の宇宙誕生から10^{-34}秒後にビッグバンが起こり、クォークやレプトンの粒子とその反粒子が充満する宇宙が生まれました。さらに、宇宙は膨張によって温度が下がり、10^{-11}秒後に電弱力が電磁気力と弱い力に分化して、現在の重力＋強い力＋弱い力＋電磁気力の4種類の力が働く宇宙に進化したと考えられています。水蒸気の状態が、温度が下がると水になり、さらに温度が下がると氷に変化するように、宇宙も膨張によって気体から液体へ、そして固体へと状態が変化するたびに、力が分化したとたとえることができます。図2・1に模式的に宇宙進化と力の分化を示しました。

さて、話を大統一理論に戻します。標準理論が記述する世界は、電弱力と強い力が存在するため、クォークとレプトンは別の種類で、クォーク間やレプトン間の転換は可能ですがクォークとレプトン間の転換は禁止されます。すなわち、バリオン数保存則が成り立ちます。しかし、重力を除く三つの力が大統一力に統一されると、クォークやレプトンはもはや別種ではなく同族の粒子として取り扱われ、クォークとレプトン間の転換も許されます。よってバリオン数保存則が成り立たず、陽子が寿命をもつことが自然に導かれます。１９７８年に吉村太彦は、大統一理論におけるバリオン数非保存を起こす大統一ボソンが、宇宙の物質を反物質より多く生じさせる可能性を指摘しました。物質宇宙形成の起源が大統一理論によって与えられました。

大統一理論

１９７４年にハワード・ジョージャイとグラショウは、標準理論で扱う素粒子の枠内で電弱力と強い力を同じ数学形式で記述して、電磁気力と弱い力、強い力の統一理論をつくりました。この理論はＳＵ(５)模型とよばれ、標準理論を最小限に拡張したものです。ＳＵ(５)模型は陽子が陽電子と中性パイ中間子に崩壊する $p \to e^+\pi^0$ モードが主で、寿命は約10^{30}年と見つもられました。

その後、クォークとレプトンの対称性を重視した新しい種類の素粒子を含む大統一理論が提唱されました。その一つに、標準理論が扱うクォークとレプトンに限定して、これらの素粒子がもつスピン(回転)の性質に右巻と左巻の存在、すなわち左右対称性を要請するＳＯ(10)模型があります。ＳＯ(10)模型の予言する陽子の寿命は10^{31}～10^{32}年です。

この模型では、標準理論で唯一、左巻の粒子のみのニュートリノに、新しい右巻のニュートリノがあることを予言します。このことは、ニュートリノが質量をもつことと同じ予言です。

どうして、質量をもつと両巻の粒子が必要なのでしょうか。それは、質量がわずかでもあると粒子は光速よりも遅い速さでしか運動できないことに起因します。いま、ある方向に運動する質量をもつ粒子を光速で走る系で追いかける場合に、この系の観測者が進行方向に対して右巻の右ねじ粒子と判断しても、粒子を追い越した後に振り返ると粒子は遠ざかる方向に運動し、回転は左巻に見えて左ねじ粒子と見なします。このことから、質量のある粒子には、左右両巻の粒子の存在が必要です。陽子崩壊とともに、ニュートリノの質量が発見されれば大統一理論の検証にもなります。

陽子は崩壊する

ついに陽子崩壊の根拠が与えられ、その寿命は10^{30}～10^{32}年と計算されました。このような長い寿命は、大統一ボソンの質量が約10^{15}ギガ電子ボルトと非常に重いことが要因です。ここで、現在の大型加速器でも到達できない10^{15}ギガ電子ボルトというエネルギー状態が、陽子の内部でどのように実現されて大統一ボソンがつくられ、クォークがレプトンに転換して崩壊するのだろうかという疑問がわきます。これを理解するには、私たちの身のまわりの運動を説明するニュートン力学ではなく、極微の世界の運動を記述する量子力学の知識が必要です。量子力学では位置（x）と運動量（p）、またはエネルギー（E）と時間（t）を同時に知ることができる精度の限界を示す不確定性原理、$\Delta x\Delta p \sim h$、$\Delta E\Delta t \sim h$（hはプランク定数）があります。陽子崩壊においては、崩壊前後のエネルギーは保存されなければなりませんが、その中間状態では不確定性の範囲でエネルギーは自由に変化できます。特に、短い時間（Δtが小）のあいだでは、$\Delta E \sim h/\Delta t$からエネルギーの不確定性のΔEは大となり、陽子の質量（約1ギガ電子ボルト）を大きく超えるエネルギー状態が瞬時ながら実現され、大統一ボソンの生成によって陽子

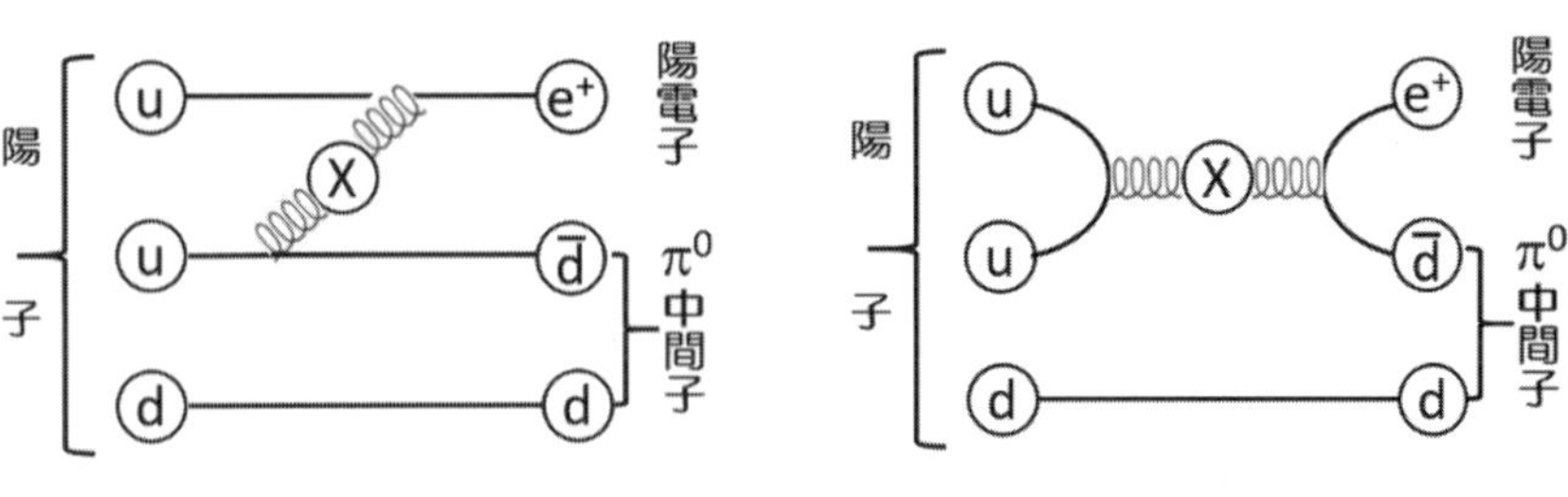

図2･2　大統一ボソン（Ｘ粒子）の媒介による陽子の崩壊過程

を崩壊に導きます。瞬時ということは、めったに起こらないことを意味し、陽子の寿命が長い理由になります。

図２・２の左図は陽子の内部にある三つのクォーク（ｕｕｄ）のうちのｕが、大統一ボソン（Ｘ粒子）を放出して反ｄに変わり、このＸ粒子をｕが吸収して電子の反粒子の陽電子になり、残りのｄと反ｄが結合してクォーク・反クォークから構成される中性パイ中間子に、すなわち、$p \to e^+\pi^0$モードの模式図を示します。また、陽電子を反ミュー粒子（μ^+）におき換えた崩壊も可能です。

5　大統一理論の検証――陽子崩壊を探す

１種類の素粒子と１種類の力からなる究極の物質像の確立と、宇宙誕生・進化の謎を解き明かす超大統一理論の足がかりとなる大統一理論の検証が実験によって可能であることが示されて、世界中の研究者による陽子崩壊検出の挑戦が始まりました。まさに、１世紀に一度、めぐり合えるかどうかの大実験とたとえられる根拠が十分にあります。また、陽子はすべての原子の原子核に含まれているために、陽子が崩壊することはすべての物質が崩壊することになります。第１章で示したように、「宇宙大崩壊の証拠探しに挑戦」とか「陽子は不死身の神話が、今破られようとしている」などの衝撃的な見出しが雑誌などで独り歩きしたことも理解できます。

過去の陽子崩壊の探索

物質はどこまで安定なのか、寿命はないのかという物理的興味によって陽子崩壊を探す試みが以前にもありました。それらの中で最も精度のよい結果は、１９６４年から1971年にかけて南アフリカのヨハネスブルグ近くの深さ3200メートルの金鉱を利用して行われた実験によって得られたものです。この実験では、総重量20トンの細長い蛍光体（液体シンチレータ）54本からなる装置を並べて、周囲の岩石中の陽子が崩壊した際に発生するミュー粒子を検出しました。

実質の測定期間2・7年間で5例のミュー粒子が見つかり、これをすべて陽子崩壊によるものとすると、2×10^{30}年という寿命の下限値が得られました。実際には第1章で説明した大気ニュートリノによってつくられるミュー粒子も、同じ数ほど含まれていることが予測され、陽子崩壊がどの程度含まれているかについては、なにも知ることはできません。この意味で寿命の下限値となります。

陽子崩壊の先陣争い

大統一理論が提唱されてバリオン数保存則の信憑性への疑いだけではなく、陽子が実際に崩壊しその寿命が10^{30}～10^{32}年と予言されたために、大量の物質を用いた検出器による実験が提案されました。つまり、n年の寿命をもつ物質があった場合、その物質の全量のn分の1個は最初の1年間で崩壊し、残りの物質のさらにn分の1個が次の年に崩壊するような現象が起きるため、10^{32}個の陽子を含んでいる1000トンの水を用いる実験では、陽子の寿命が10^{30}年の場合、1年に100個の陽子崩壊が観測されることになります。

カミオカンデが提案された直後の1981年当時は、鉄と飛跡検出器のサンドイッチを多層にした装置を用いるインドのコラー金鉱における140トン日印実験、モンブラン・トンネルでの150トン伊・CERN実験、フレジュー・トンネルでの900トン仏独実験、米国スーダン鉄鉱山での30トン米英実験が、さらに水チェレンコフ検出器を用いる3000トンカミオカンデ、米国モートン岩塩鉱での8000トン米ポーランド実験、米国シルバーキング鉱山での700トン米実験などが、進行中または計画・建設中のプロジェクトでした。

6　カミオカンデ始動

チェレンコフ光とは

電荷をもつ粒子が物質中を走行するとき、粒子の速さがその物質中の光の速さ（＝真空中の光の速さ／物質の屈折率）よりも速い場合に出る光をチェレンコフ光といいます。水の屈折率はおよそ4/3なので、荷電粒子の速さが真空中の光の速さの約75パーセント以上で走行するときに、チェレンコフ光を発します。水中ではチェレンコフ光は粒子の走行方向を軸にした頂角が約42度の円錐状に放出されます。荷電粒子が水中でチェレンコフ光を発しながら走行して止まった場合は、壁に設置した多数の光電子増倍管から個々の受光量とともに、チェレンコフ光のリング形状の情報が得られます（図2・3参照）。

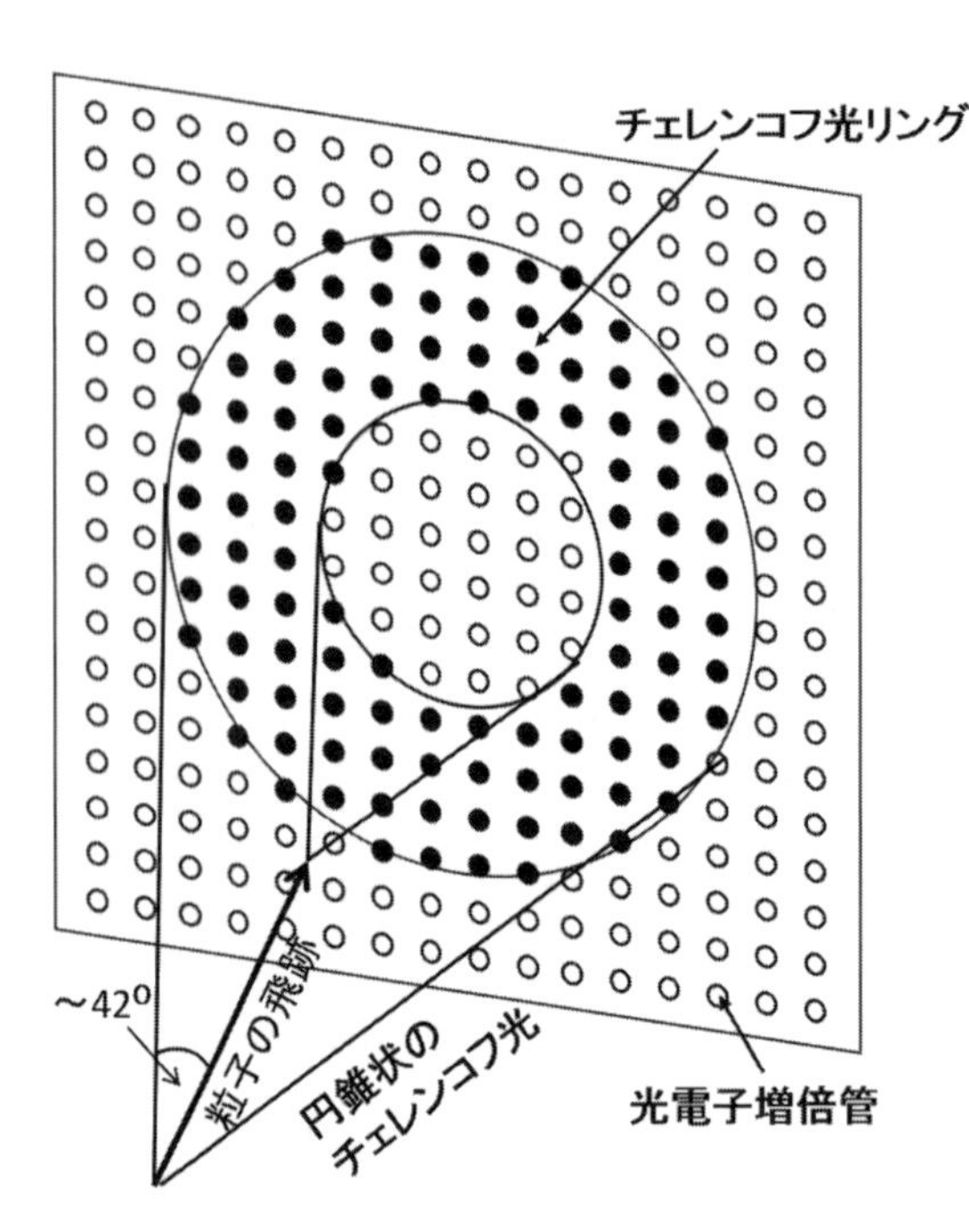

図2·3　チェレンコフ光の発生と光電子増倍管群によって計測されるチェレンコフ光リングの形状

カミオカンデの優れている点

カミオカンデは、世界最大口径の20インチ光電子増倍管の開発の成功により、陽子崩壊によってつくられる陽電子やミュー粒子、各種中間子などが水中を走行する際に発するチェレンコフ光を多く検知し、高精度で陽子の崩壊を測定することができます。また、提案されたいくつかの大統一理論が予言する異なる崩壊モード、

$e^+\pi^0$, $e^+\rho^0$, $e^+\eta$, $e^+\omega$, e^+K^0,

$\mu^+\pi^0$, $\mu^+\rho^0$, $\mu^+\eta$, $\mu^+\omega$, μ^+K^0,

(反ν)π^+, (反ν)ρ^+, (反ν)K^+

などの識別にも威力を発揮します。ここで、π、ρ、η、ω、Kはパイ、ロー、イータ、オメガ、ケイ中間子を、（+、0）は電荷が（+1、ゼロ）を表します。

カミオカンデの長所をまとめると次のようになります。

○大口径20インチ光電子増倍管を1000本使用する高い集光能力のために、陽子崩壊に伴って生じるeやμが発するチェレンコフ光の強さ、すなわちエネルギーの測定精度が、他のどの実験よりも3～4倍優れている。

○eとμが生じるチェレンコフ光のリング形状の違いからeとμを選び出すことができるので、eを含む崩壊モードとμを含む崩壊モードの識別が可能。

○陽子崩壊が起きる位置の測定精度は約±50センチメートル。

○上記のように、水中で発生したチェレンコフ光の強さと、発生位置、リング形状の検出の利点から、陽子崩壊モードの識別、決定能力が他の実験を上回る。

実験開始

カミオカンデの提案、実験装置、建設については、第1章を参照してください。ここでは、

陽子崩壊のデータ解析とその結果について紹介します。

　１９８３年7月から１７６日間に蓄積されたデータを解析して、陽子崩壊探索の最初のカミオカンデの結果が公表されました。１７６日間のうち、実験装置の調整や停電などによるデータ記録の停止、コンピュータデータ収集時間などを差し引いて約77パーセントの１３４・６日が有効測定日数でした。この期間中に5.8×10^6事象が記録されましたが、そのうちの約80パーセントは大気中でつくられ地下深くに浸入して検出器を突き抜けていった宇宙線ミュー粒子です。残りの事象の中から、生成された粒子が検出器内で留まり、かつ陽子の質量の９３８メガ電子ボルトを含む１３００メガ電子ボルトに相当するチェレンコフ光量以下の事象を選別すると、６万５７２６事象が残ります。これらの中には、宇宙線ミュー粒子が検出器内で止まるもの、大気ニュートリノ（第1章参照）による反応、単純な電気的雑音が大部分です。しかし、コンピュータによる事象の自動識別は高度なパターン認識の技術を要するために、この中に含まれるまれな陽子崩壊を見落とすことのないよう、確実な人間の目による判断を用いました。そこで、コンピュータと直結したディスプレイに事象のチェレンコフ光パターンを表示して、人間の目によるスキャン判定を行いました。その結果、チェレンコフ光のリング形状が明白で、事象が光電子増倍管面から2メートル以上離れた水槽の内部で起こるものを選ぶと、最終的に57事象が大気ニュートリノ反応と陽子崩壊の候補事象として残りました。

　57事象の中から陽子崩壊事象を識別するには、陽子が崩壊するときの運動力学的条件を課します。たとえば、$e^+\pi^0$や$\mu^+\omega$への崩壊の場合は、

（１）e^+やμ^+、π^0やωのエネルギーが許容範囲内にある、

（２）静止している陽子が崩壊することからe^+とπ^0、またはμ^+とωの間で運動量保存則が満たされる、

（3）e^+またはμ^+、π^0またはωはそれぞれの粒子特有のチェレンコフ光リング形状を示す、
（4）崩壊粒子系の全質量が陽子の質量の範囲（800メガ電子ボルト〜1100メガ電子ボルト）にある、
（5）π^0は2個の光子（γ）に、ωはπ^+、π^-、π^0に崩壊するため、これらの粒子間で、エネルギー、運動量保存則が満たされる、

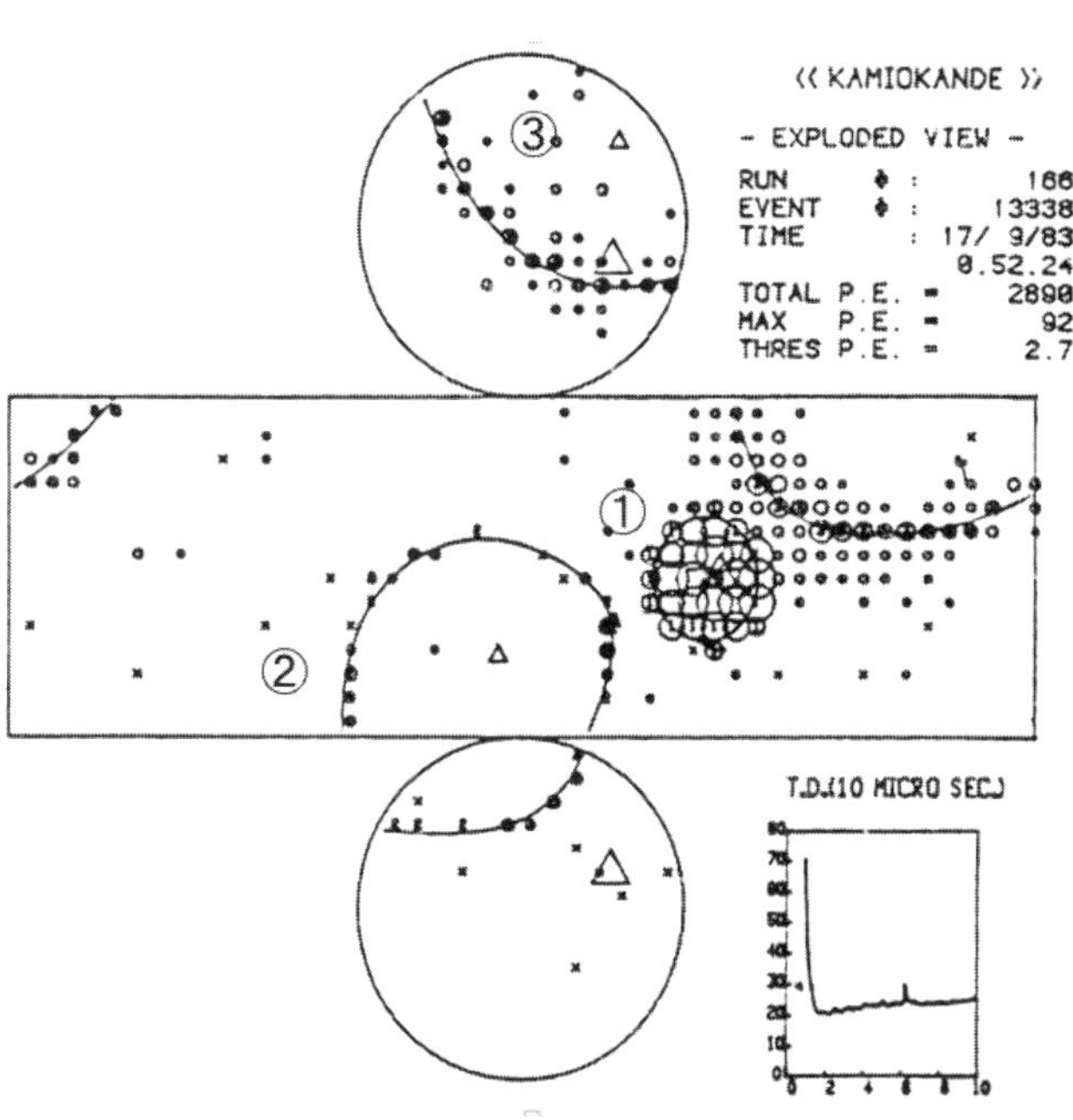

図2·4　p→$\mu^+\eta(\eta\to2\gamma)$崩壊の候補。②は$\mu^+$、①と③は$\eta$が崩壊したあとの2個の$\gamma$と見なす。

などが選別条件になります。

以上の条件を満足する陽子崩壊の候補として2例が見つかりました。一つは、陽子がプラス電荷のミュー粒子と中性のイータ中間子に、引き続きイータ中間子が2個の光子へ崩壊する事象p→$\mu^+\eta(\eta\to2\gamma)$、もう一つは、陽子が陽電子とオメガ中間子に、そしてオメガ中間子が3個のパイ中間子へ崩壊する事象p→$e^+\omega(\omega\to\pi^+\pi^-\pi^0)$です。

陽子崩壊か？

p→$\mu^+\eta(\eta\to2\gamma)$候補のチェレンコフ光量とリングパターンを図2・4に示します。カミオカンデは円筒形の水槽の内壁面に光電子増倍管が配置されているので、水槽を展開し各光電子増倍管が受けた光の量を円の大きさで表したものが図2・4

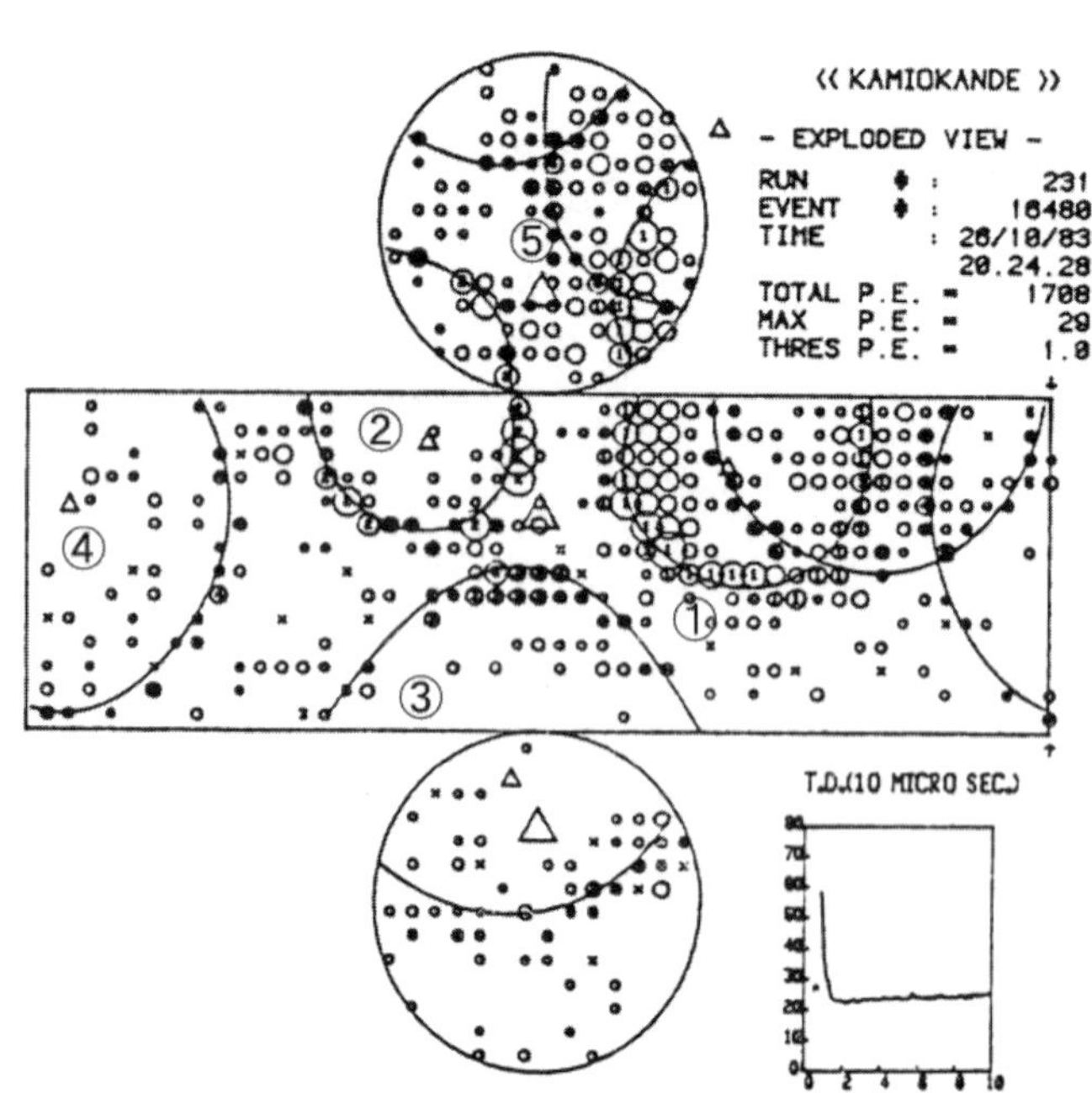

図2·5 p→$e^+\omega(\omega\to\pi^+\pi^-\pi^0)$候補。

です。図中の②はμ^+、①と③はηが崩壊した2個のγと見なされました。しかし、μ^+とηの運動量保存則からのずれが少し大きいこと、μリングとπ^-が走行中に吸収されるリングと似ているので、μかπかの区別は難しいなどの難点がありました。

図2・5がp→$e^+\omega(\omega\to\pi^+\pi^-\pi^0)$候補のパターンです。$\pi^0$が$2\gamma$に崩壊している事象で、$e^+\pi^+\pi^-\gamma\gamma$の5リングが重なり合う、複雑なパターンを示しています。どのリングがどの粒子かは一義的には決めかねるので、すべての可能性の組み合わせで解析されました。大気ニュートリノがこのような事象をつくる頻度は、有効データ蓄積期間の134・6日で0・2例と計算されます。

以上の結果から、SU(5)模型が予言する最も寿命の短い、すなわち崩壊確率の大きい陽子崩壊のp→$e^+\pi^0$モードは検出されず、その一方でどの模型でも寿命が長いと予想される、p→$\mu^+\eta$やp→$e^+\omega$が候補として残りました。このような理論と実験との食い違いは謎ですが、57例の中の2例が陽子崩壊の候補、残りが陽子崩壊のバックグラウンドである大気ニュートリノ事象であることを考慮すると、信号と雑音の比が1対30でもっと信号頻度が大きくないと信頼性に欠けます。このためには、データ数を増やすこと、大気ニュートリノとの識別能力を改善することが必要です。これが、この時点でのカミオカンデの結論でした。

カミオカンデの結果は、１９８４年1月に開催された１９８４重粒子非保存国際会議で報告されました。この会議ではカミオカンデのほかにも、日印実験、米国の三つの実験、モンブラン・トンネルでの実験結果が出されましたが、陽子崩壊の候補例は見つかっているもののカミオカンデと同じく、断定できる段階ではありませんでした。しかし、カミオカンデの性能は高く評価され、特に大気ニュートリノと陽子崩壊との詳細な識別手法は他の実験を凌駕し、口の悪いので有名な素粒子実験のボス的存在の研究者が会議の終わりに、「もし、本当に陽子崩壊が起こっているなら、それを確認するのはカミオカンデだろう」といったそうです。

7　陽子崩壊探索の結果と今後

陽子の崩壊の証拠ナシ

カミオカンデはその後もデータを蓄積して１９８８年に約5年分の探索結果をまとめました。この間、いくつかの小規模の実験は長い寿命の探索には不利のため終了しましたが、米国の水チェレンコフ実験（ＩＭＢ）とフレジュー・トンネル内の実験（Frejus）は、観測を続けていました（Frejusは１９８８年8月に終了）。

これまでのすべての実験結果から、陽子崩壊の明白な証拠は得られませんでした。似た事象はありましたが、いずれの実験も大気ニュートリノによるバックグラウンドの混入とした結果と矛盾していません。図2・6は3実験の各崩壊モードに対する寿命の下限値です。ここで、ＳＵ（5）が予言する$p \to e^+ \pi^0$の寿命の$4 \times 10^{29 \pm 0.7}$年に対して、カミオカンデの下限値はすでに2×10^{32}年以上であり、最初にまた最小限の拡張模型として提唱されたＳＵ（5）は棄却さ

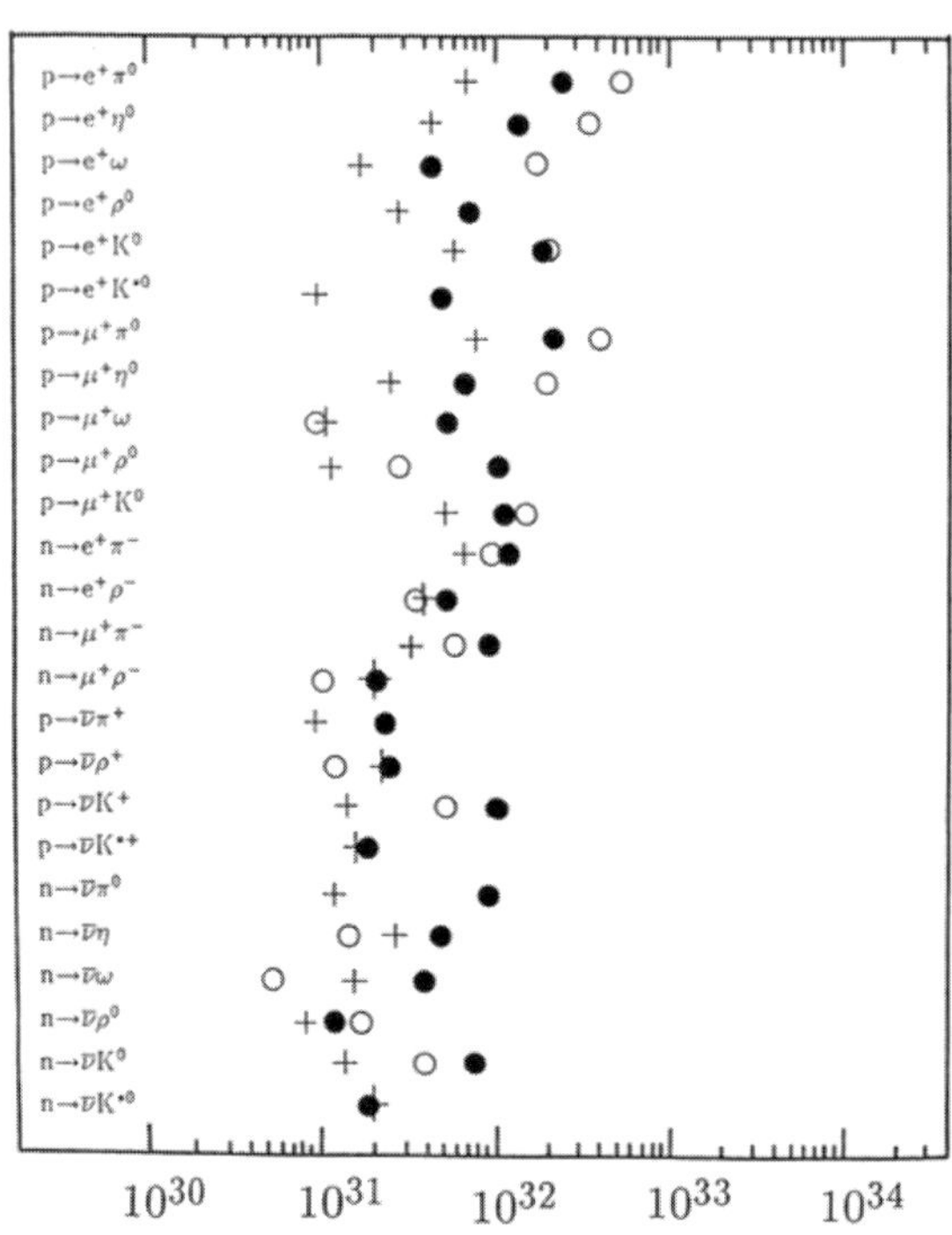

図2·6　カミオカンデ（●）、IMB（○）、Frejus（+）で得られた陽子崩壊の寿命の下限値。n は原子核内に束縛された中性子の崩壊を示す。(M. Fukugita, A. Suzuki eds.: "Physics and Astrophysics of Neutrinos" (Springer-Verlag, 1994))

れました。そのほかの模型もなんらかの修正を加えることによって、寿命の予言値を大きくせざるを得ない状況でした。

新たな展開

陽子崩壊の確かな証拠が得られなかったとはいえ、力の統一、素粒子の統一、宇宙の起源を解明する道筋を与える大統一理論の魅力は健在です。そこで、陽子崩壊の実験結果を踏まえて大統一理論をより拡充し、また、超大統一理論を念頭において再構築する試みが行われました。その中で、電磁気力と弱い力、強い力の3力の強さを正確に一致するように、また、電磁気力と弱い力が統一するエネルギー・スケールの10^2ギガ電子ボルトと、大統一力のエネルギー・スケールの10^{16}ギガ電子ボルトとの、大きなエネルギー・ギャップがもたらす理論上の困難を回避するために、超対称性粒子という新たな素粒子の存在を予言する超対称性大統一理論が注目されました。表2・1で見るように、スピン½などの半整数の粒子はフェルミオン、整数の粒子はボソンと名づけられていますが、超対称性理論はフェルミオンにはボソンの超対称性粒子が、ボソンにはフェルミオンの超対称性粒子が存在することを要求します。超対称性粒子は現在の宇宙の謎の一つである宇宙暗黒物質の候補としても有力であり、欧州合同原子核研究機構（ＣＥＲＮ）においてヒッグス粒子の発見後の最重要課題として、探索が行われています。

超対称性大統一理論では、ＳＵ（５）とは逆に$p \to e^+\pi^0$崩壊モードが抑制され、陽子が荷電ケイ中間子とニュートリノに崩壊する$p \to (\bar{\nu})K^+$などのモードを予言します。その寿命は約10^{34}年と見積もられました。その他、超大統一に関与する超弦理論を加味した模型も約10^{34}年あるいはそれ以上の寿命を予言します。このような長寿命の陽子崩壊の探索には、数万トンクラスの大型実験装置が必要になります。

カミオカンデは１９８３年の終わりに3万２０００トンの大型水チェレンコフ検出器：ＪＡＣＫ（Japan-America Collaboration at Kamioka）を提案しました。これがのちにカミオカンデの次世代装置、スーパーカミオカンデになります。

3章　消えた太陽ニュートリノの謎を追う

1　太陽ニュートリノとは

太陽からは莫大なエネルギーが放出されていますが、その一部が地球に降り注ぎ、各種自然現象を引き起こしています。また、私たちの豊かな生活も太陽からのエネルギーがなくては成り立ちません。太陽のエネルギーの源が何であるかが解明されてきたのは20世紀になってからです。それ以前の人たちは太陽のエネルギー源に疑問をもっていました。

太陽から地球表面には、1平方メートルあたり約1400ワット（ジュール／秒）の密度で熱エネルギーが降り注いでいます。地球と太陽との距離は約1億5000万キロメートル（1.5×10^{11}メートル）ありますので、太陽が毎秒放出している全熱エネルギーは、次ページの（式1）となります。私たちの日常生活では灯油を燃やしたり、昔は石炭を燃やしたりして熱エネルギーを得ていますが、その燃焼熱は1グラムあたり20～40キロジュールぐらいです。もし、太陽がそのような化学反応によって熱エネルギーを放出していると仮定すると何年ぐらいエネルギーを供給できるでしょうか？　太陽の質量は惑星の運動から約2.0×10^{30}キログラムとわかっています。したがって、太陽が化学燃料でできているとすると（式2）のエネルギーを放出できます。したがって、太陽は（式3）くらいで燃料を使い果たしてしまうことになります。しかし、こんなに短いといくつも矛盾が生じてしまいます。

$$4\pi \times 1400\ \mathrm{J/m^2/s} \times (1.5\times10^{11}\mathrm{m})^2 \fallingdotseq 3.8\times10^{26}\ \mathrm{J/s} \qquad （式1）$$

$$2.0\times10^{30}(\mathrm{kg})\times10^{3}(\mathrm{g/kg})\times(20\sim40)\times10^{3}(\mathrm{J/g}) \fallingdotseq (4\sim8)\times10^{37}\ \mathrm{J} \qquad （式2）$$

$$(4\sim8)\times10^{37}\ \mathrm{J}/3.8\times10^{26}(\mathrm{J/s}) \fallingdotseq (1\sim2)\times10^{11}\ \mathrm{s} \fallingdotseq 3300\sim6600年 \qquad （式3）$$

ハンス・ベーテ（Courtesy Cornell-LEPP Laboratory）

たとえば、19世紀にチャールズ・ダーウィンが進化論を出していますが、こんなに短い期間では生物の発生から人間まで進化することはできません。また、地質学や化石の研究から、地球の年齢は少なくとも数億年というスケールで考えないといけないことがわかってきました。19世紀の終わり頃、ベクレルやキュリー夫妻によって放射性元素が発見されました。寿命の長い放射性同位元素の存在比を使って地球の年齢を推定することができるようになりました。近年では隕石を使って正確に太陽の年齢を見つもり、太陽の年齢は約46億年であることがわかっています。このように長いあいだ、太陽が熱エネルギーを放出し続けることができる源は何でしょうか？

1939年、当時33歳のハンス・ベーテ（右の写真）は「星の中でのエネルギー生成（Energy production in stars）」と題する論文を発表しました。この論文でベーテが述べたことは、核融合反応によって星のエネルギーが生まれているということでした。ある原子核Aとある原子核Bが一緒になって（融合して）、原子核Cをつくったとします。それぞれの質量をm_A、m_B、m_Cとすると、$(m_A + m_B - m_C)$が正になる場合に、それに相当するエネルギーが発生します。これは、1905年にアインシュタインが発表した特殊相対性理論の重要な帰結である、$E = mc^2$という式から導かれます。これは質量mに光速度c（毎秒3億メートル）の2乗を掛けるとエネルギーEになるということです。先の例でいえば、A＋B→Cという核融

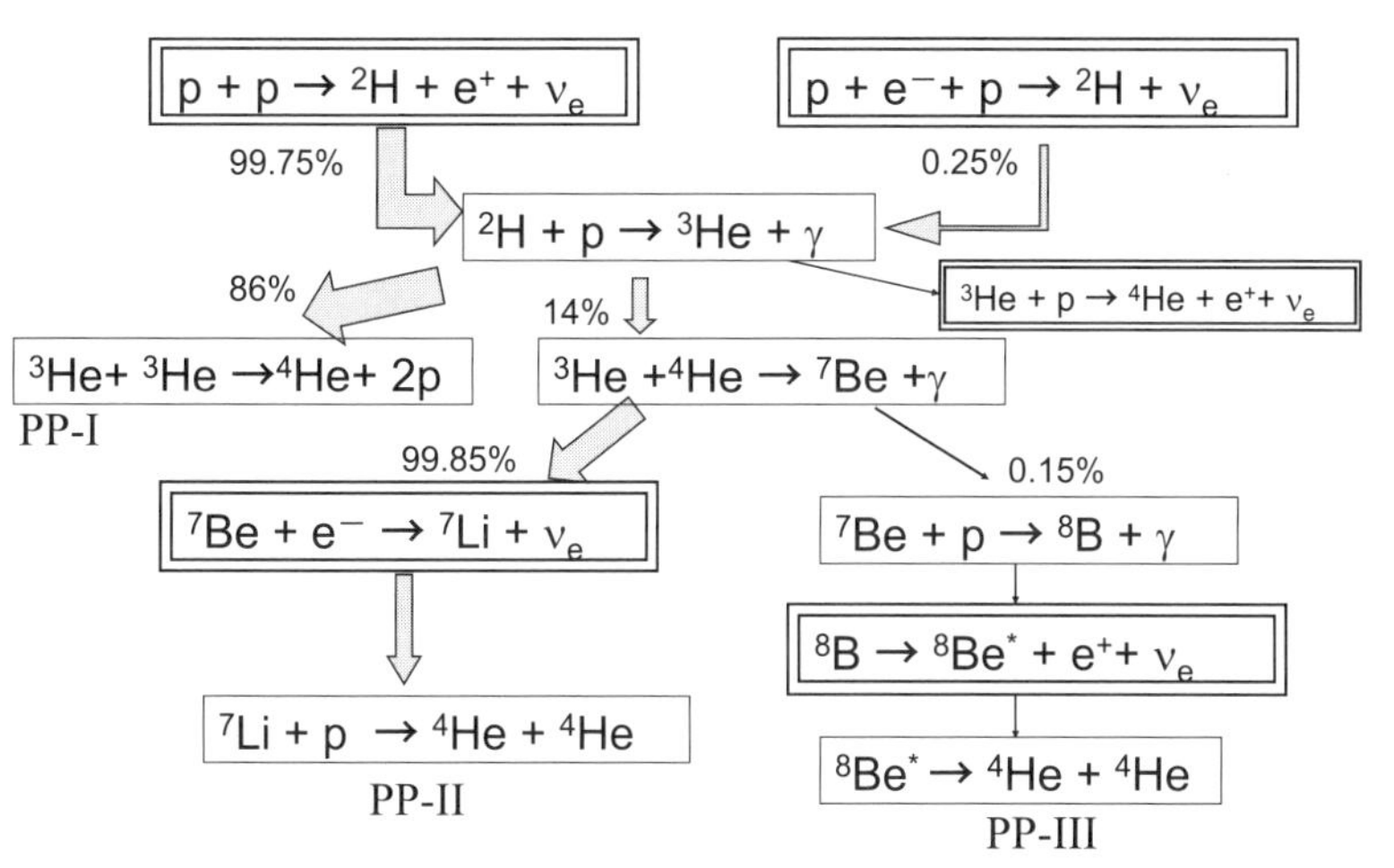

図3·1　太陽内で起きている核融合反応（pp 連鎖反応）

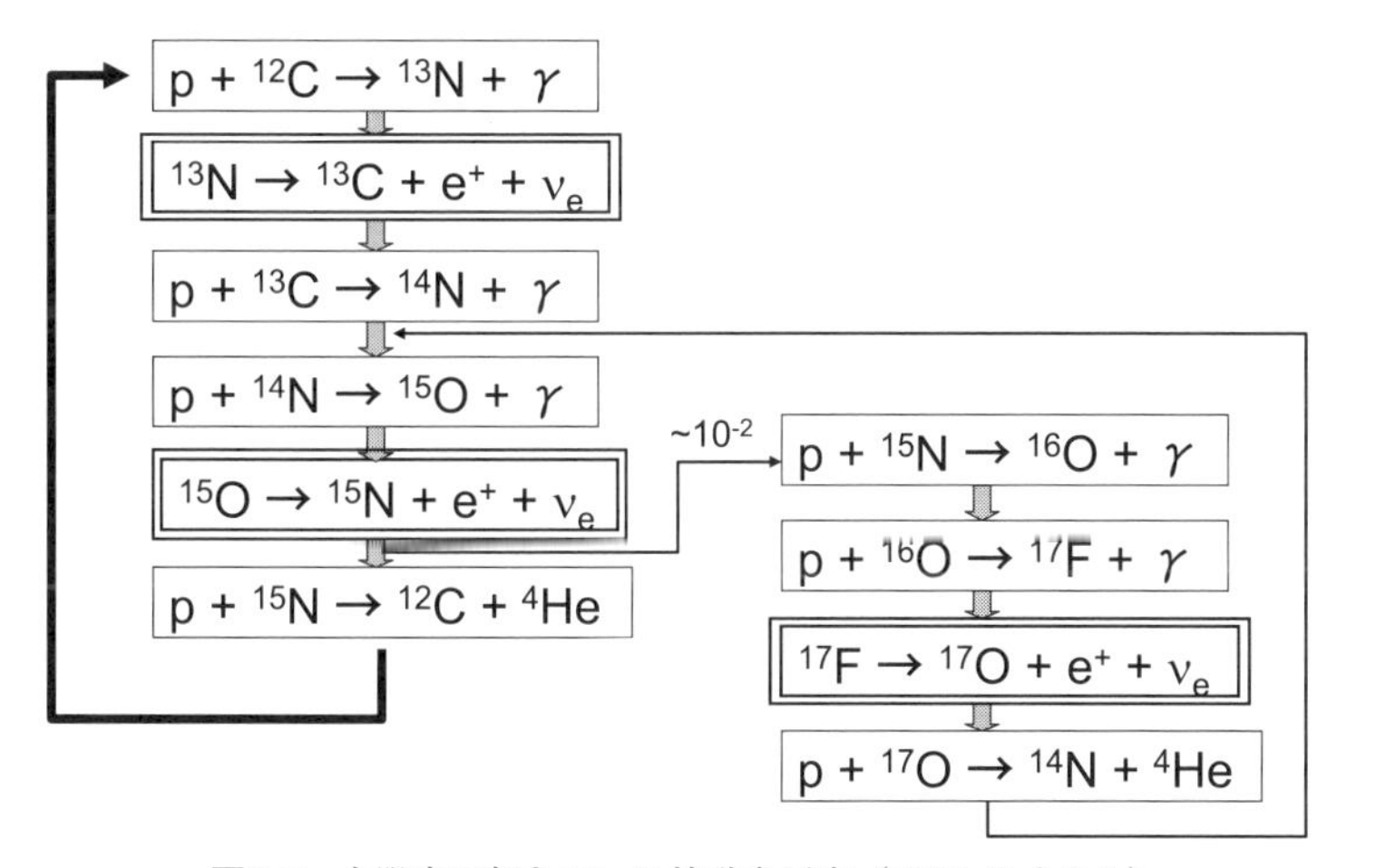

図3·2　太陽内で起きている核融合反応（CNO サイクル）

$$p + p \rightarrow {}^{2}H + e^{+} + \nu_{e} \qquad \text{（式4）}$$

$$p + e^{-} + p \rightarrow {}^{2}H + \nu_{e} \qquad \text{（式5）}$$

$${}^{2}H + p \rightarrow {}^{3}He + \gamma \qquad \text{（式6）}$$

$${}^{3}He + {}^{3}He \rightarrow {}^{4}He + 2p \qquad \text{（式7）}$$

$$6p \rightarrow {}^{4}He + 2p + 2e^{+} + 2\nu_{e} + \gamma \qquad \text{（式8）}$$

合反応が起きれば、$(m_A + m_B - m_C)c^2$ というエネルギーが生まれます。

ベーテが予言した太陽の内部で起きている核融合反応を図3・1と図3・2に示します。これらの核融合反応を少し詳しく見てみましょう。図3・1は陽子-陽子（pp）連鎖反応とよばれ、図3・2はCNOサイクルとよばれています。pp連鎖反応は陽子（p）二つが融合して重水素（${}^{2}H$）と陽電子（e^{+}）と電子ニュートリノ（ν_e）をつくる反応（式4）から始まります。この反応で電子ニュートリノが生まれますが、このニュートリノをppνとよんでいます。また、（式5）という反応によっても${}^{2}H$をつくることができますが、これは、（式4）の反応と比べて0・25パーセントくらいの寄与ですので当座は忘れておきましょう。ちなみに（式5）の反応で生まれるニュートリノをpepνとよんでいます。これらの反応で生まれた${}^{2}H$は、（式6）の核融合反応によって${}^{3}He$とガンマ線（γ）になります。${}^{3}He$は質量数が3のヘリウムであり原子核は二つの陽子と一つの中性子で構成されています。ガンマ線はエネルギーの高い「光」です。ここからpp連鎖反応は三つの道筋に分れ、それぞれpp-I、pp-II、pp-IIIとよばれています。pp-Iでは、（式7）の核融合反応によって${}^{4}He$、いわゆる通常のヘリウムが生まれます。${}^{4}He$原子核は別名「アルファ線」とよばれる放射線であり、二つの陽子と二つの中性子からできている原子核ですが、陽子と中性子ががっちりとまとまっている原子核です。pp-I連鎖反応はここで終わりです。上記の（式4）と（式6）を2倍して（式7）に加えてみましょう。そうすると、（式8）になりますが、両辺に共通の2pを差し引き、γは太陽内部で熱エネルギーに転換されますがそれを覚えておきながら式からは外すと（式9）になります。つまり、連鎖反応の中間状態を無視すれば、四つの陽子を融合させてヘリウム原子核をつくり、おつりとして2個の陽電子と2個の電子ニュートリノが生まれるという反応に帰着できました。他の道筋も見ておきましょう。pp-IIでは、（式10）～（式12）とな

$$4p \rightarrow {}^{4}He + 2e^{+} + 2\nu_{e} \qquad (式9)$$

$$^{3}He + {}^{4}He \rightarrow {}^{7}Be + \gamma \qquad (式10)$$

$$^{7}Be + e^{-} \rightarrow {}^{7}Li + \nu_{e} \qquad (式11)$$

$$^{7}Li + p \rightarrow {}^{4}He + {}^{4}He \qquad (式12)$$

$$4p + {}^{4}He \rightarrow 2\,{}^{4}He + 2e^{+} + 2\nu_{e} \qquad (式13)$$

ります。（式11）の反応ではニュートリノが生まれますが、このニュートリノを^{7}Be νとよんでいます。（式4）、（式6）、（式10）、（式11）、（式12）を足してみると、（式13）となりますが、両辺に共通にある^{4}Heを外すと、（式14）となり、この分岐もやはり四つの陽子を融合させてヘリウム原子核、2個の陽電子と2個の電子ニュートリノになる反応であることがわかりました。pp-Ⅲの反応では（式10）の反応のあと、（式15）～（式17）のように反応します。（式16）に出てくるニュートリノは^{8}B νとよばれるニュートリノであり、後に述べるように「ニュートリノ振動の発見」につながる重要なニュートリノです。（式4）、（式6）、（式10）、（式15）、（式16）、（式17）を足して共通項を除くと、やはり（式18）という式になりました。

図3・3に示したCNOサイクルもすべての反応式を足せば四つの陽子がヘリウム原子核になる反応であることがわかります。

これらの反応でどれくらいのエネルギーが生まれるでしょうか。陽子（p）一つの質量は、938・2720メガ電子ボルト（MeV/c^2）です。$E = mc^2$により「質量＝エネルギー」ですので、質量をエネルギーの単位で書くと便利です。その場合、それを明示的に示すために単位に「/c^2」を付けます。メガ電子ボルトは10^6電子ボルト（eV）であり、1電子ボルトは1ボルトの電圧をかけた電極間で電子が受け取ることができるエネルギーです。ヘリウム原子核の質量は3727・379メガ電子ボルトです。したがって、（式9）、（式14）、（式18）で生まれるエネルギーは、（式19）となり、また生まれた陽電子（e^+）はやがて電子（e^-）と一緒になってガンマ線になり、太陽内部で熱エネルギーに転換されますので、電子の質量（0・511メガ電子ボルト）の2倍も足して、（式20）のエネルギーが（式9）の1反応あたりに生まれることになります。このエネルギーの一部はニュートリノが太陽内部で消費せずにもち去ってしまいますが、それは全エネルギーの2パーセント程度です。したがって、1回の反応で約

$$4p \rightarrow {}^{4}He + 2e^{+} + 2\nu_e \qquad (式14)$$

$$^{7}Be + p \rightarrow {}^{8}B + \gamma \qquad (式15)$$

$$^{8}B \rightarrow {}^{8}Be^{*} + e^{+} + \nu_e \qquad (式16)$$

$$^{8}Be^{*} \rightarrow {}^{4}He + {}^{4}He \qquad (式17)$$

$$4p \rightarrow {}^{4}He + 2e^{+} + 2\nu_e \qquad (式18)$$

ジョン・バコール（Photo：the American Physical Society）

26メガ電子ボルトのエネルギーが太陽内部に生み出されます。約2×10^{30}キログラムの質量をもつ太陽がすべて水素からできていると仮定すると（実際には75パーセント程度ですが）、太陽内部には約1×10^{57}個の陽子があるので、（式21）のエネルギーを生み出すことができます。これを（式1）で割ってみると825億年という数字になりますので、太陽エネルギーを十分説明することができそうです（実際にはすべての陽子が燃えるわけではないので、太陽の寿命は100億年ぐらいという結論になります）。

さて、（式9）、（式14）、（式18）が示すように核融合反応によってニュートリノが生まれますが、その強さはどのぐらいでしょうか？ 1回あたり26メガ電子ボルトのエネルギーが太陽内部で生まれること、*1回の反応で2個のニュートリノが生まれることから、（式20）、メガ電子ボルトとジュールの換算値を用いて、太陽で発生しているニュートリノの数は毎秒、（式22）となります。これらのニュートリノを太陽ニュートリノとよびます。地球に降り注いでいる太陽ニュートリノの単位面積あたりの強度は太陽地球間の距離（$L=1.5\times10^{13}$ cm）を考えて、（式23）という値になります。人の手のサイズは100平方センチメートルぐらいですから、毎秒約7兆個もの太陽ニュートリノが読者の手のひらを通過していることになります。このニュートリノ強度はppν、pepν、^{7}Beν、^{8}Bνなどなど、すべての種類のニュートリノを足した強度ですが、それぞれのニュートリノの強度を求めるためには太陽のモデル計算が必要です。図3・1、図3・2に示したそれぞれの反応は反応ごとに起こりやすさ

$$938.2720\ \mathrm{MeV} \times 4個 - 3727.379\ \mathrm{MeV} \fallingdotseq 25.709\ \mathrm{MeV} \quad (式19)$$

$$25.709\ \mathrm{MeV} + 0.511\ \mathrm{MeV} \times 2個 \fallingdotseq 26.7\ \mathrm{MeV} \quad (式20)$$

$$1 \times 10^{57}個/4個 \times 26\mathrm{MeV} \fallingdotseq 7 \times 10^{57}\ \mathrm{MeV} \fallingdotseq 1 \times 10^{45}\ \mathrm{J} \quad (式21)$$

$$3.8 \times 10^{26}\ \mathrm{J/s}/[26\ \mathrm{MeV} \times 1.602 \times 10^{-13}\ \mathrm{J/MeV}] \times 2個 \fallingdotseq 1.84 \times 10^{38}\ 個/\mathrm{s} \quad (式22)$$

が異なり、それも温度によっても変化します。この計算を行うためには太陽内部の物質の組成やそれらの状態方程式（圧力と温度の関係式）も知らないといけません。こうした計算をジョン・バコール（写真）は１９６０年代にはじめ、２００５年に亡くなるまで改良に改良を重ねてきました。

バコールが計算した太陽ニュートリノのスペクトルを図３・３に示します。最も強度が大きいニュートリノはｐｐνであり、約$5.9 \times 10^{10}/\mathrm{cm}^2/\mathrm{s}$ の強度があります。つまり全太陽ニュートリノの約９割はｐｐνです。しかし、ｐｐνはエネルギーが低く最大でも０・４２メガ電子ボルトです。次に強度が大きいニュートリノは^{7}Beνであり、約$4.9 \times 10^{9}/\mathrm{cm}^2/\mathrm{s}$ の強度があります。^{7}Beνは決まったエネルギー（０・８６１メガ電子ボルトと０・３８３メガ電子ボルト）をもったニュートリノです。同様にｐｅｐνも決まったエネルギー（１・４４２メガ電子ボ

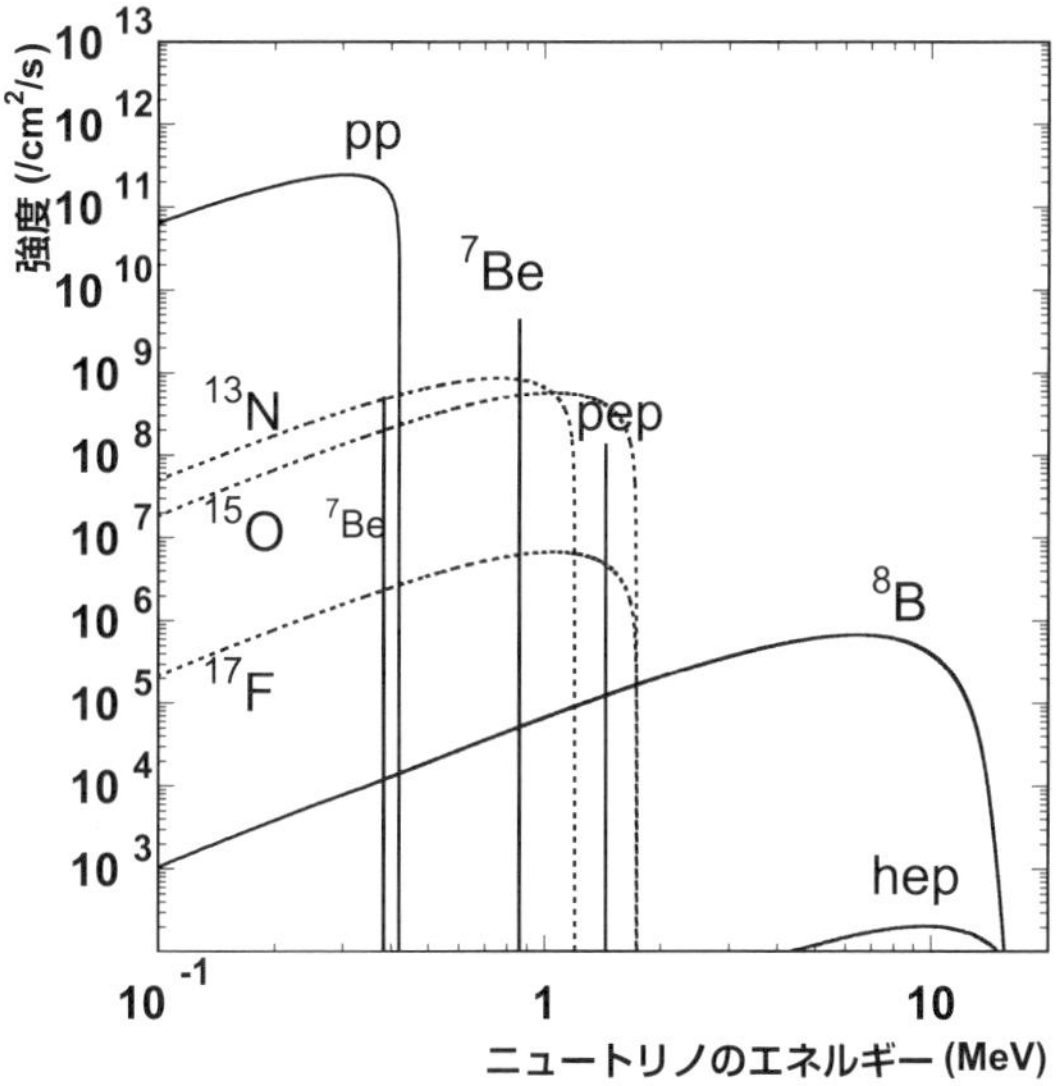

図3･3　太陽ニュートリノのスペクトル

＊　1回の反応あたり26・7メガ電子ボルトのエネルギーが生まれるが、一部はニュートリノがもち去るため太陽内部で生まれるエネルギーは約26メガ電子ボルトになる。

$$1.84 \times 10^{38}\ \text{個/s}/(4\pi L^2) = 6.6 \times 10^{10}/\text{cm}^2/\text{s} \quad \text{（式23）}$$

$$^{37}\text{Cl} + \nu_e \rightarrow {}^{37}\text{Ar} + e^- \quad \text{（式24）}$$

ルト）をもつニュートリノですが、強度は約$1.4 \times 10^8/cm^2/s$です。最もエネルギーの高いニュートリノが^{8}Bνです。後に述べますように^{8}Bνはニュートリノ振動の発見に大きく関わるニュートリノですが、強度は約$5.8 \times 10^6/cm^2/s$しかなく、全太陽ニュートリノの1万分の1の割合にしかなりません。

以上のようにして太陽の標準的なモデルが構築され、太陽ニュートリノの存在が予想されました。

2　太陽ニュートリノ欠損現象に挑む

世界で初めて太陽ニュートリノを観測した実験は、アメリカのレイモンド・デービスがサウスダコタ州のホームステイク金鉱で行った「塩素37実験」でした。デービスは38万リットル（615トン）のテトラクロロエチレン（化学式はC_2Cl_4）をタンクにため、質量数37の塩素（^{37}Cl）から、（式24）の反応によって生まれるアルゴン（Ar）を数えました。地表では宇宙線などの影響によって他の反応からも^{37}Arが生まれてしまうため、実験装置はホームステイク金鉱内の地下1480メートルの場所に設置されました（図3・4）。（式24）の反応はニュートリノのエネルギーが0・814メガ電子ボルト以上でないと起こりません。図3・3を見ればわかるようにppνは反応しません。また、この反応はニュートリノのエネルギーが高いほど反応頻度が高くなるため、結局この反応に最も寄与するのは^{8}Bνになります。具体的には76パーセントが^{8}Bνの寄与、15パーセントが^{7}Beν、他はCNOサイクルからのニュートリノ、pepνと予想されました。前節で紹介した標準太陽モデルを使って計算すると1日あたりに予想される反応の頻度は38万リットル（615トン）のC_2Cl_4に対して、約1.5 ^{37}Ar原子となります。これは1日観測しても生まれる^{37}Ar原子の数はたかだか1・5個という意味です。このように大き

図3·4　塩素37実験（Courtesy of R. Davis, Brookhaven National Laboratory）

なタンクからどうやってそのようにまれにしか生まれない^{37}Ar原子を回収したのでしょうか？　また、どうやってその数を数えたのでしょうか？

それにはまず、タンクにヘリウムガスをブクブクと循環させて、テトラクロロエチレン液体中の^{37}Ar原子をヘリウムガスに引き込みます。アルゴンは常温ではガス状の元素ですのでこのようなテクニックが使えます。ヘリウムガスはタンク上部から引き出し、マイナス２００℃に冷却した活性炭に通します。そうすると^{37}Ar原子は活性炭に吸着されます。このようにヘリウムガスを充分に循環させてタンク内から^{37}Ar原子を回収した後、冷却していた活性炭をプラス２００℃に昇温して^{37}Ar原子を放出させ、小さな比例計数管とよばれる放射線検出器へ移送します。^{37}Ar原子は半減期35日で崩壊して電子やX線を出しますが、それをバックグラウンドの低い環境で計測しました。^{37}Ar原子の回収は数か月に一度ずつ行われ、それぞれのサンプルが計測されました。デービスは実験を１９６７年に開始し、最初の二つのラン（回収-計測のサイクル）を行いましたが、太陽ニュートリノの有意な信号は見つからず強度の上限値に関する論文を１９６８年に発表しました。その後、デービスは比例計数管での計測方法を改良し、１９７０年には^{37}Arの崩壊をとらえることができるようになりました。しかし、デービスが計測した^{37}Arの生成率は標準太陽モデルからの予想値に比べて有意に少なく、これが「太陽ニュートリノ問題」として議論されることになりました。

その後の結果も含めて定量的な数字を示しておきます。塩素37実験では太陽ニュートリノ強度をＳＮＵ（solar neutrino unit）という単位で表現しています。１ＳＮＵは1秒間に1個の^{37}Cl原子あたり何個の^{37}Ar原子ができるかを10^{-36}個／秒単位で表した数字であり、38万リットル（６１５トン）のC_2Cl_4の中で1日に1個^{37}Ar原子の生まれる強度が５・３５ＳＮＵに対応します。ＳＮＵはあくまで予想値との相対的な比較のために使っている数字なので詳細は気にしないでください。塩素37実験が１９７０年から１９８４年までに計測した結果は、(2.05±0.3)ＳＮＵという値でした。±の後の数字は誤差を表します。一方、標準太陽モデルからの予想値は(7.9±2.6)ＳＮＵでした（予想値は年とともに精度が向上しながら変わっていきましたが、ここに書いた数字は１９８９年にバコールが書いた本の中に書かれた数字です）。つまり、数字の中心値を比較すると、観測された値は予想値の3分の1から4分の1ぐらいしかありません。

太陽ニュートリノ問題の原因は、最終的にはニュートリノが種類を変える「ニュートリノ振動」であることがやがてわかります。つまり、太陽で生まれた電子ニュートリノが、地球まで飛んでくるあいだに他の種類のニュートリノに変わってしまい、電子ニュートリノ自身の強度は弱くなると考えられます。それを理解するために、ここでニュートリノの性質について触れておきます。

3　ニュートリノの正体、素粒子標準理論とニュートリノ

ニュートリノとはどのような粒子でしょうか？　それを「素粒子」という観点から説明します。

「素粒子」とは物質のもとになっている最小単位です。たとえば、水は水素原子と酸素原子からできており、それぞれの原子は原子核と電子からできています。原子核の中には陽子と中性子があり、そしてそれらの中にはクォークがあります。このクォークをさらに分割することは（現時点では）できないと考えられており素粒子とよばれています。また、電子やニュートリノも素粒子の一種です。古くは宇宙線の研究、そして1970年代からは大型加速器を用いた研究によって、クォークや電子の仲間がいくつも見つかってきました。

いままでに発見された素粒子をすべて並べると図3・5のようになります。クォークは6種類あり、それぞれ二つ一組にして横に並べ、第1世代、第2世代、第3世代と名づけます。電子の仲間は電荷をもったレプトン（荷電レプトン）とよばれ、電子、ミュー粒子、タウ粒子とよばれます。それぞれの荷電レプトンに対応してニュートリノがあり、それぞれ電子ニュートリノ、ミューニュートリノ、タウニュートリノとよばれています。ニュートリノは電荷をもっていませんので、「中性レプトン」とよばれています。これらの素粒子のあいだに働く力には、クォークに働く「強い力」、電荷をもった素粒子に働く「電磁気力」、ニュートリノも含めてすべての素粒子に働く「弱い力」、そしてエネルギーをもつ素粒子に働く「重力」の4種類が存在します。これらの素粒子と力を説明する理論として「素粒子標準理論」が提唱され、加速器を用いた実験結果はその理論をサポートしてきました。

標準理論では現在このように位置づけられているニュートリノですが、歴史的には1930

		第1世代	第2世代	第3世代
レプトン		電子ニュートリノ	ミューニュートリノ	タウニュートリノ
		電子	ミュー粒子	タウ粒子
クォーク		アップ	チャーム	トップ
		ダウン	ストレンジ	ボトム

図3·5　標準理論における素粒子のリスト

年頃にヴォルフガング・パウリによって理論的に生まれた粒子でした。ベータ崩壊という現象があり、これは、ある原子核が別の原子核に壊変し、その際に電子を出す現象です。それぞれの原子核の質量は決まっていますので、$E = mc^2$ の関係から電子はある決まったエネルギーをもって放出されるはずでしたが、実際にはその値を最大として広がったエネルギー分布をしていました。パウリは実験装置をするりと抜けていってしまうような電荷をもっていない粒子があるにちがいないと考えました。それがニュートリノです（「ニュートリノ」という名前を実際に命名したのはベータ崩壊の理論を完成させたエンリコ・フェルミです）。

ニュートリノには「弱い力」しか働きませんので、観測や実験がたいへんです。そのため、実験的に見つかるまでには少し年月がかかりました。ニュートリノが最初に発見されたのは、1956年にフレッド・ライネスとクライド・コーワンが原子炉で行った実験です。原子炉では核分裂反応にともなって、反電子ニュートリノが発生します。それを液体シンチレータによる検出器によってとらえました。

1962年、ジャック・シュタインバーガー、メルビン・シュワルツ、レオン・レーダーマンらはミューニュートリノを発見しました。加速器で陽子を加速して標的にぶつけるとパイ中間子が生まれます。パイ中間子はミュー粒子とニュートリノとに崩壊しますが、このニュートリノを反応させて調べたところミュー粒子しか生まれないということがわかりました。こうして、このニュートリノはライネス、コーワンが見つけたニュートリノとは異なる粒子であることがわかりました。

さらに1975年、マーチン・パールらはスタンフォード線形加速器センターの電子・陽電子衝突型加速器において、3番目の荷電レプトンであるタウ粒子を発見しました。図3・5の表にタウ粒子を置いてみると、それに対応してタウニュートリノがあると考えられましたが、実際に発見されたのは名古屋大学の丹羽らがアメリカのフェルミ研究所で行った原子核乾板を使った実験であり、その発見が発表されたのは2000年でした。

素粒子にはスピンという性質があり、それは粒子が走る方向に対してどのように回転しているかというイメージで理解できます。かずかずのニュートリノ実験が行われてきましたが、ニュートリノは進行方向に対して左巻の性質しか観測されませんでした。実はスピンの性質は質量と大きく関係しており、質量をもっている素粒子は右巻と左巻の両方の状態がなくてはいけません。このことからニュートリノは質量をもっていないのであろうと考えられ、標準理論ではニュートリノの質量をゼロとしています。やがてニュートリノ振動によってニュートリノが質量をもつことがわかり、標準理論は必ずしも正しくないことがわかるのですが、ニュートリノ以外の加速器実験の結果は標準理論でみごとに説明することができました。特に、標準理論が素粒子に質量を与える粒子として予言したヒッグス粒子は、2012年に欧州合同原子核研究機構のLHC（大型ハドロン衝突型加速器）での実験で発見されました。

4　ニュートリノ質量とニュートリノ振動

ニュートリノには3種類ありそれぞれ、電子ニュートリノ（ν_e）、ミューニュートリノ（ν_μ）、タウニュートリノ（ν_τ）とよばれていることを前節に書きました。これらの種類分けは反応した際にどの荷電レプトンを生成するかということで決まりますので、「相互作用の固有状態」とよばれています。ニュートリノが飛んでいるあいだに種類を変えてしまうことを「ニュートリノ振動」とよんでいます。そのためには、まずニュートリノが質量をもっている必要があります。それについて以下で見てみましょう。3種類あるニュートリノには三つの異

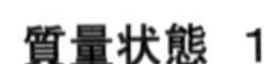

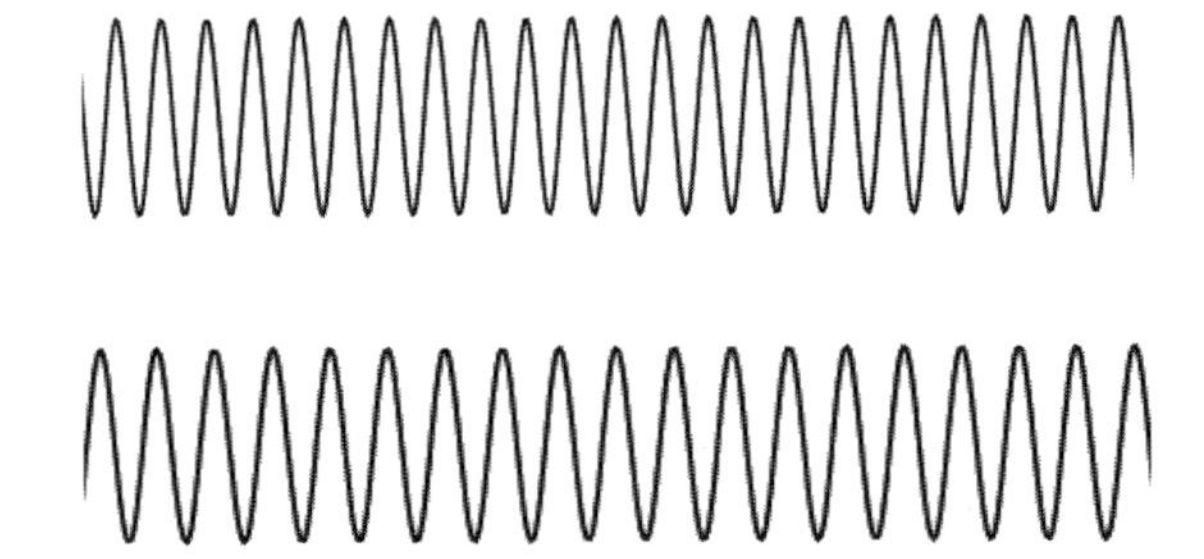

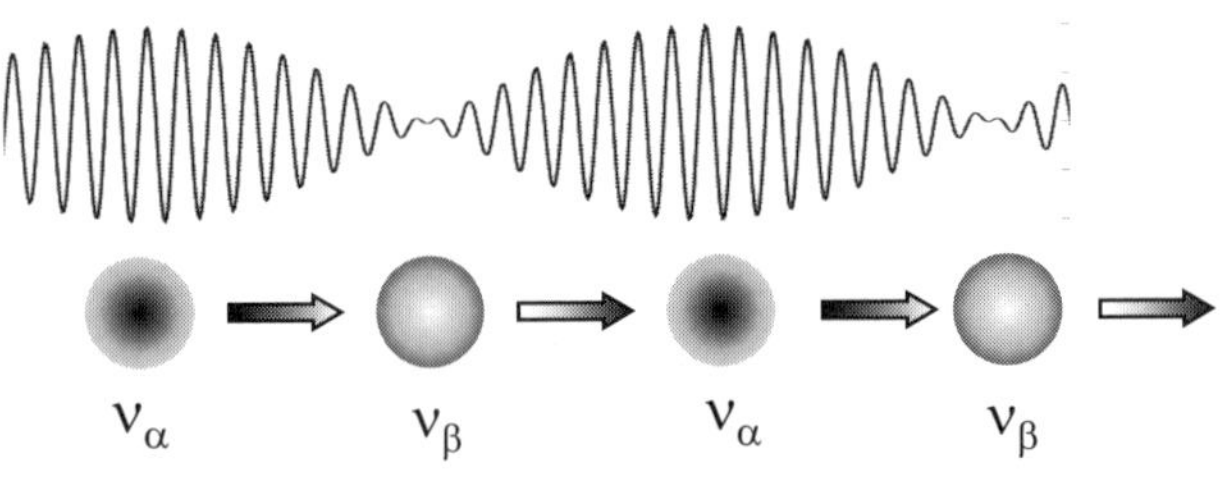

図3·6 二つの異なる質量状態（1と2）が混じっていると、ニュートリノが伝搬していくあいだに異なる相互作用の固有状態（ν_αとν_β）のあいだで変化する。

なる質量の状態があることになります。それらを「質量の固有状態」とよんでいてν_1、ν_2、ν_3と書きます。質量の固有状態は、相互作用の固有状態と異なっていてもかまいません。ここで少しびっくりするような仮定をしないといけません。それは、「相互作用の固有状態」は「質量の固有状態」が混じった状態である、ということです。ニュートリノ振動が起こるためには、

（1）ニュートリノが質量をもつこと、そしてそれぞれの質量の値が異なること、

（2）相互作用の固有状態は質量の固有状態が混合したものであること、

の両条件が成り立っている必要があります。逆に、もしニュートリノ振動が発見されたならば、ニュートリノが質量をもつことも、混合をもつことも証明されたことになります。なぜ、このような条件が必要かを2種類のニュートリノの場合を例に図3・6に示しました。相互作用の固有状態ν_αとして生まれたニュートリノは、ν_βになったり、ν_αに戻ってきたりします。だから、ニュートリノ「振動」とよばれるわけです。

左から、坂田昌一、牧二郎、中川昌美。（名古屋大学 提供）

5　ニュートリノ振動と日本人の貢献（牧-中川-坂田理論）

ニュートリノ振動を最初に予測したのは１９５７年のブルーノ・ポンテコルボによる論文とされています。しかし、この論文に書かれているのは、ニュートリノと反ニュートリノとのあいだの振動であり、いま私たちが知っているニュートリノ振動とは異なるものです。「相互作用の固有状態」間でのニュートリノ振動を最初に予測したのは、牧二郎、中川昌美、坂田昌一が１９６２年に書いた論文です。このようにニュートリノ振動の分野では日本人の理論家も大きく貢献しています。１９６２年はジャック・シュタインバーガー、メルビン・シュワルツ、レオン・レーダー

ブルーノ・ポンテコルボ

マンらがミューニュートリノを発見した年です。2番目のニュートリノが見つかり、現実的なニュートリノ振動の理論が考え出されたわけです。しかし、この頃はまだ「太陽ニュートリノ問題」が提示されていません。ニュートリノ振動があると太陽ニュートリノ振動が提案されたわけです。あくまで理論的な可能性としてニュートリノの強度がどうなるかを最初に論じた論文は1967年のポンテコルボによる論文です。

「相互作用の固有状態」と「質量の固有状態」のあいだには混合がありますが、それを3行3列の行列を使って表現しています。その行例の名前はニュートリノ振動の理論をつくった理論家たちの名前を取って、ポンテコルボ-牧-中川-坂田行列、頭文字をとってPMNS行列とよばれています。

6　カミオカンデを改造しよう

前章では陽子崩壊を見つけるためにカミオカンデが建設されたという話をしました。カミオカンデは1983年に実験を開始しましたが、待望の陽子崩壊はなかなか見つかりませんでした（実はカミオカンデの25倍の装置であるスーパーカミオカンデでも、まだ見つかっていません）。そこで1984年の秋ごろに、カミオカンデを改造して太陽ニュートリノの観測を目指そうということになりました。1984年当時、太陽ニュートリノの実験は塩素37実験のみでした。太陽ニュートリノ問題が報告されていましたが、塩素37実験の結果は信じてもよいのか、そもそも計測されている事象は太陽ニュートリノ事象なのか、何かのバックグラウンドによって^{37}Ar原子が生まれてしまうことはないか、といった疑問がありました。そこで、他の実験による検証が必要でした。

カミオカンデが観測しようと考えたのは、エネルギーの高い^{8}Bνです。^{8}Bνは水中の電子と散乱して（$\nu + e^- \rightarrow \nu + e^-$）、エネルギーの高い電子を生み出します。その電子が発するチェレンコフ光をカミオカンデに配置された1000本の20インチ光電子増倍管（以下、略して増倍管という）でとらえようというわけです。^{8}Bνのエネルギーは電子の質量（0・511メガ電子ボルト）に比べて十分高いため、電子はほぼ前方に散乱されます。したがって、粒子の方向がわかるカミオカンデでは太陽と反対方向を向いた電子として観測されるはずです。また、カミオカンデはリアルタイムで観測ができる実験装置であり、現象が起こったその瞬間にとらえることができます。塩素37実験では反応で生成された^{37}Ar原子を数か月たってから回収してカウントしていましたので、それとは大きな違いがありました。

エネルギーが高い^{8}Bνとはいってもたかだか10メガ電子ボルト程度です。もともと1000メガ電子ボルトぐらいのエネルギーを出す陽子崩壊をとらえようとしてつくった実験装置でしたのでいろいろと改造する必要がありました。改造前と改造後の装置を図3・7に示します。まず、岩盤から飛んでくるガンマ線を止めるために「外水槽」をつくる必要がありました。岩盤の中にはウランやトリウムといった放射性物質が微量ながら含まれており、それらに起因するエネルギーの高いガンマ線が生まれます。それがタンクの中に飛び込んできて反応する現象を減らす必要がありました。タンクの側面、そして上面、底面に1～2メートルの水の層を設けてガンマ線を遮蔽します。また、この外水槽にも増倍管を設置して外から侵入する宇宙線とタンク内で発生するニュートリノ事象が分別しやすいようにしました。タンク側面の外水槽は岩盤にゴムアスファルトという材料を塗布して水をためるようにしたのですが、岩盤の細かいすき間までゴムアスファルトが入っていかず、なかなか水漏れが止まらなくて苦労しました。タンク内部では底面の増倍管を1メートルぐらいかさ上げして、底部の外水槽をつくりました。上面は水位を上げて水面ぎりぎりに上面の外水槽増倍管を取りつけました。筆者（中畑）

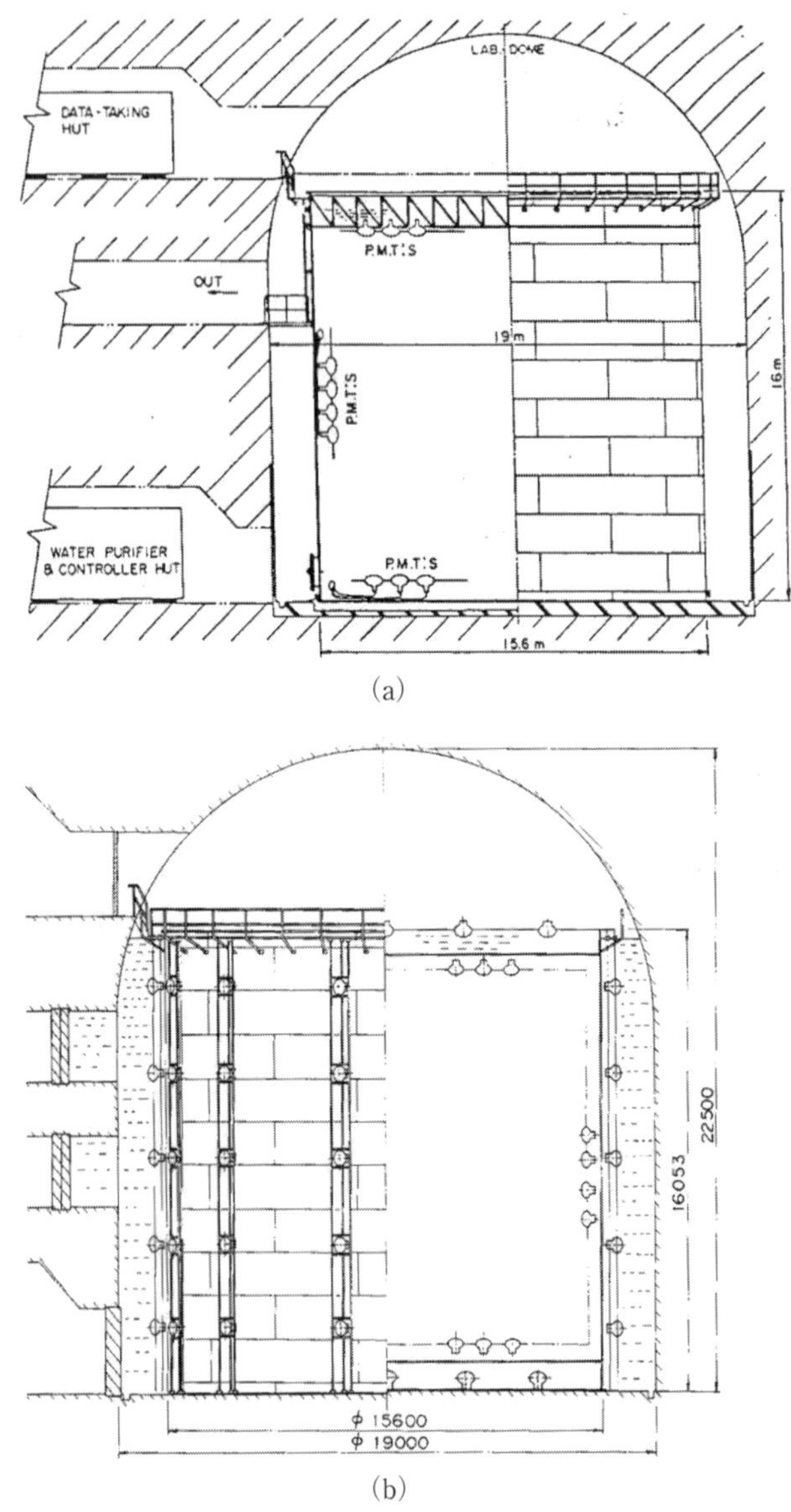

図3·7 改造前（a）と改造後（b）のカミオカンデ実験装置（東京大学宇宙線研究所 神岡宇宙素粒子研究施設 提供）

はカミオカンデの当初の建設、そしてこの改造作業にも参加しましたが、たいへんな作業だったのを覚えています。

太陽ニュートリノの反応で生まれるチェレンコフ光は、たかだか30本程度の増倍管が信号を受けるぐらいです。とらえた現象がタンクの中での反応で起こった現象か、それとも外部から侵入したガンマ線などによって生じたノイズかを見分けるためには、個々の増倍管で受ける信号のタイミングをナノ秒（10^{-9}秒）程度の精度で計測する必要がありました。光は水の中で1ナノ秒に20センチメートル進みます。光が各増倍管に到達した時刻をナノ秒単位で測れば、いわば三角測量の原理で光が発せられた場所を精度よく決めることができます。カミオカンデが始まったときには予算が少なかったため、そのような電子回路を入れることができませんでした。カミオカンデの改良からアメリカのペンシルバニア大学のメンバーが加わり、ナノ秒単位で時間が測れる電子回路をもってくることになりました。それが１９８５年秋に導入されました。

このようにして改造が進められましたが、最終的にバックグラウンドとして残ったものは水の中に溶けていたラドンでした。ラドンはウラン系列の娘核ですが、常温ではガス状の元素であるため山の中の地下水にたくさん溶け込み、その崩壊生成物であるビスマス２１４がベータ崩壊する際に出す電子が問題となりました。期待される太陽ニュートリノ信号は数日に1個ぐらいの頻度ですが、まず改造後のカミオカンデの運転を始めたときには1秒間に何百個もの現象が観測されました。当時、筆者は博士課程の2年生でしたが、太陽ニュートリノの観測で博士論文を書くことを目指していましたので、頭を抱えました。幸い、ラドンは３・８日の半減期で崩壊する元素なので、いったんラドンの侵入を抑えれば減らすことができました。タンクの水をためたあとは循環させて新たに地下水を入れないこと、タンクを気密化して空気中のラドンの侵入を抑えることといった改良を1985～86年に行いました。

7　カミオカンデがとらえた太陽ニュートリノ

カミオカンデが太陽ニュートリノをとらえたかは、太陽との方向分布をみればわかります。太陽ニュートリノは水中の電子を前方に（つまり太陽と反対方向に）弾き飛ばします。したがって、事象の方向が太陽からの方向に合っていれば、太陽ニュートリノだとわかるのです。では、カミオカンデはどのようにして事象の方向を計測したのでしょうか？

前節に書きましたように、カミオカンデの改造によってナノ秒精度で時間が測れるようになり、その時間情報からチェレンコフ光が発せられた場所を割り出すことができるようになりました。弾き飛ばされた電子が出すチェレンコフ光はその進行方向に対して約42度の頂角をもつ円錐状に放射されます。したがって、チェレンコフ光が発せられた場所から光を受けた光電子増倍管のパターンを見込み、そのような円錐状のパターンを探せば方向を割り出すことができます。

このようにして計測した個々の事象の方向とそのときの太陽の方向とを比べ、それらが合っていれば太陽ニュートリノ事象と判断でき、そうでなければラドンなどのバックグラウンドによる事象だと判断できます。図3・8にカミオカンデのいろいろな時期における太陽との角度分布を示しました。横軸は各事象の方向と太陽からの方向との角度のコサイン（cos）であり、太陽ニュートリノは図の右端に集まるはずです。それぞれの図において、誤差棒がついた点はカミオカンデのデータを示し、太陽方向に実線で書いたヒストグラムは標準太陽モデルからの予想を示します。（a）は1986年に取得された48・5日分のデータです。太陽方向に盛り上がりは見えていませんが、これはラドンによるバックグラウンドが高く、太陽ニュートリノ

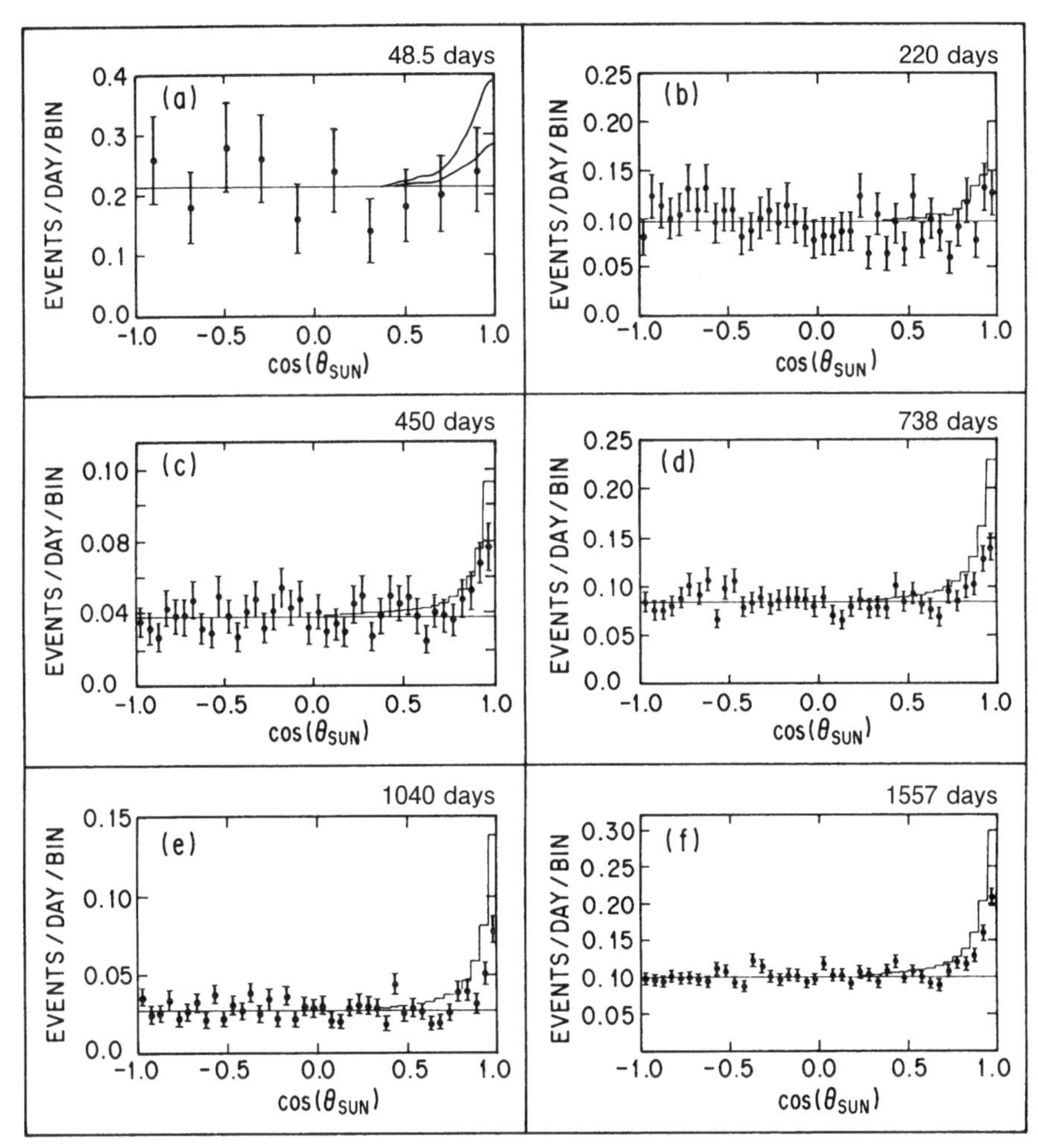

図3·8 カミオカンデが観測した事象と太陽との方向分布。図の右端（cos θ=1）が太陽方向を表す。それぞれのデータは、(a) 48.5日分、(b) 220日分、(c) 450日分、(d) 738日分、(e) 1040日分、(f) 1557日分を表す。詳細は本文参照。

が埋もれてしまっているからです。ラドンを減らす改良がさらに続けられ、１９８７年初めごろから比較的バックグラウンドの低いデータが取れるようになりました。（b）は１９８７年初め頃から同年9月までの２２０日分のデータです。まだ、太陽方向に有意な信号は見えていませんが、少なくとも太陽モデルが予想する量までは太陽ニュートリノが観測されていないことがわかりました。その後データを増やして（c）に示した１９８８年5月までの４５０日分のデータでやっと太陽方向に超過を見つけることができました。待ち望んだ太陽ニュートリノ観測の成功です。この結果は１９８９年に論文とした発表しましたが、測定した太陽ニュートリノの強度は標準太陽モデルの予想値（１９８８年版モデルでの予想^{8}B強度は5.8×10^6/cm^2/s）に対して（0.46±0.15）倍でした。この結果は99・9パーセントの信頼度で観測された太陽ニュートリノの強度がゼロではないことを示しており、太陽ニュートリノが有意に観測されたことを意味します。また、99・98パーセントの信頼度で標準太陽モデルが予想する中心値よりも強度が小さいことを示し、「太陽ニュートリノ問題」を確認する結果となりました。*つまり、カミオカンデのデータによって「太陽ニュートリノ問題」は塩素37実験の実験的な問題ではなく、標準太陽モデルが間違っているのか、ニュートリノ振動などのニュートリノの性質によるのか、といった結論を導くことができました。

その後カミオカンデは、１９８８年6月に光電子増倍管に与える電圧を上げたり、１９９０年には各光電子増倍管のまわりに光収集用の反射鏡をつけたりしながら、より低いエネルギーの太陽ニュートリノ事象まで取れるように改良を続けました。図３・８の（d）、（e）、（f）はそれぞれ７３８日分、１０４０日分、１５５７日分のデータを示しますが、時とともに観測精度を上げていったことがわかります。そして、カミオカンデは１９９５年2月までに２０７9日分の太陽ニュートリノのデータを取得しましたが、その間に観測された太陽ニュートリノ事象数は約６００個にのぼりました。全データから求めた太陽ニュートリノの強度は、１９９２年時点での標準太陽モデルと比較して（予想^{8}B強度は$5.69\times10^{6}/cm^{2}/s$）、$49.2^{+3.4}_{-3.3}$（統計誤差）±5.8（系統誤差）パーセントでした。

８　ニュートリノ振動としての解釈

１９８０年代には、カミオカンデによる観測的な進展とともに、ニュートリノ振動に関する理論的な進展もありました。１９８５年にロシアのスタニスラフ・ミケーェフとアレクセイ・スミルノフは、太陽内部の高い物質密度がニュートリノ振動に甚大な効果をもたらす可能性があることを示しました。それは、たとえニュートリノ間の混合が小さくてもニュートリノの振動振幅が大きくなる可能性があるという画期的な発見でした。物質効果については、１９７８年にリンカーン・ヴォルフェンシュタインが論文を出していましたが、計算の符号が間違っていたため太陽ニュートリノに対する効果はそれほどないことになっていました。１９８５年に発見されたニュートリノ振動に対する物質効果は３人の頭文字をとって、ＭＳＷ効果とよばれています。

１９９０年代初頭には、新たな太陽ニュートリノ実験も始まりました。ロシアのバクサン研究所のＳＡＧＥ実験、イタリアのグランサッソ研究所のＧＡＬＬＥＸ実験は質量数71のガリウム（^{71}Ga）が太陽ニュートリノと反応して生じるゲルマニウム（^{71}Ge）を回収して数を数えました。ＳＡＧＥは50トン、ＧＡＬＬＥＸは30トンのガリウムを使用しました。この反応は０・２

＊　当時、標準太陽モデルの予想値には37％の誤差がありました。ここでの信頼度はそれを考慮していない数字であり、実験的な誤差のみを考慮した数字です。

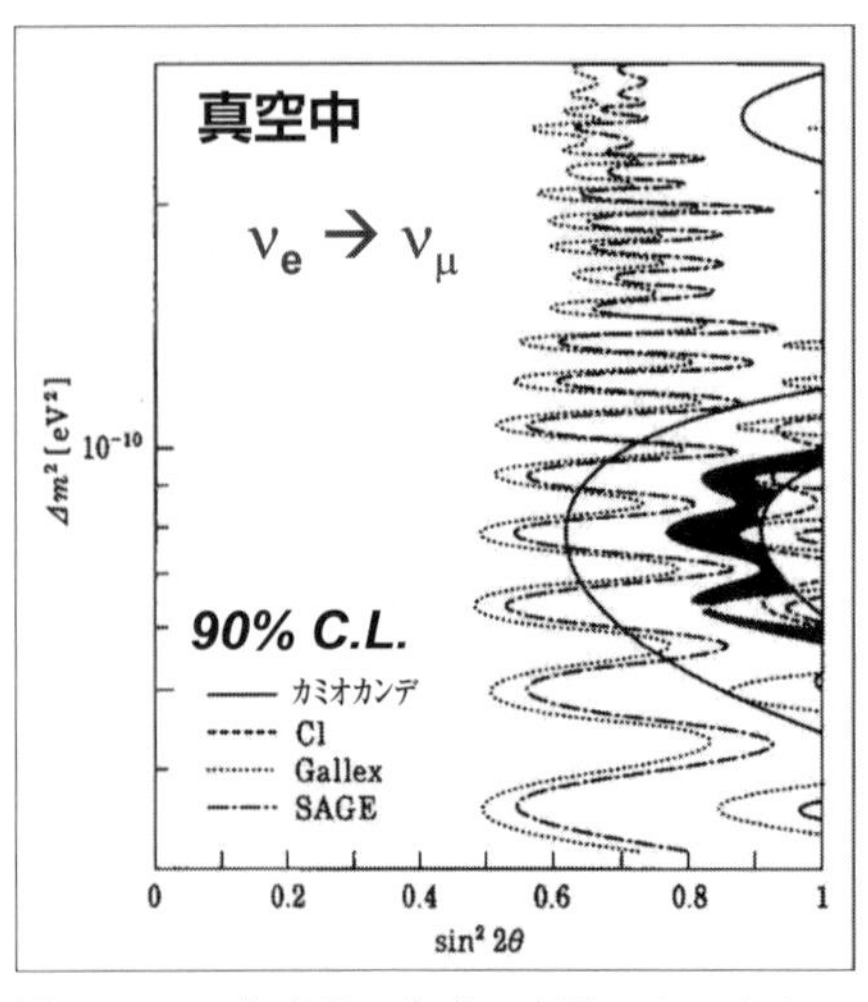

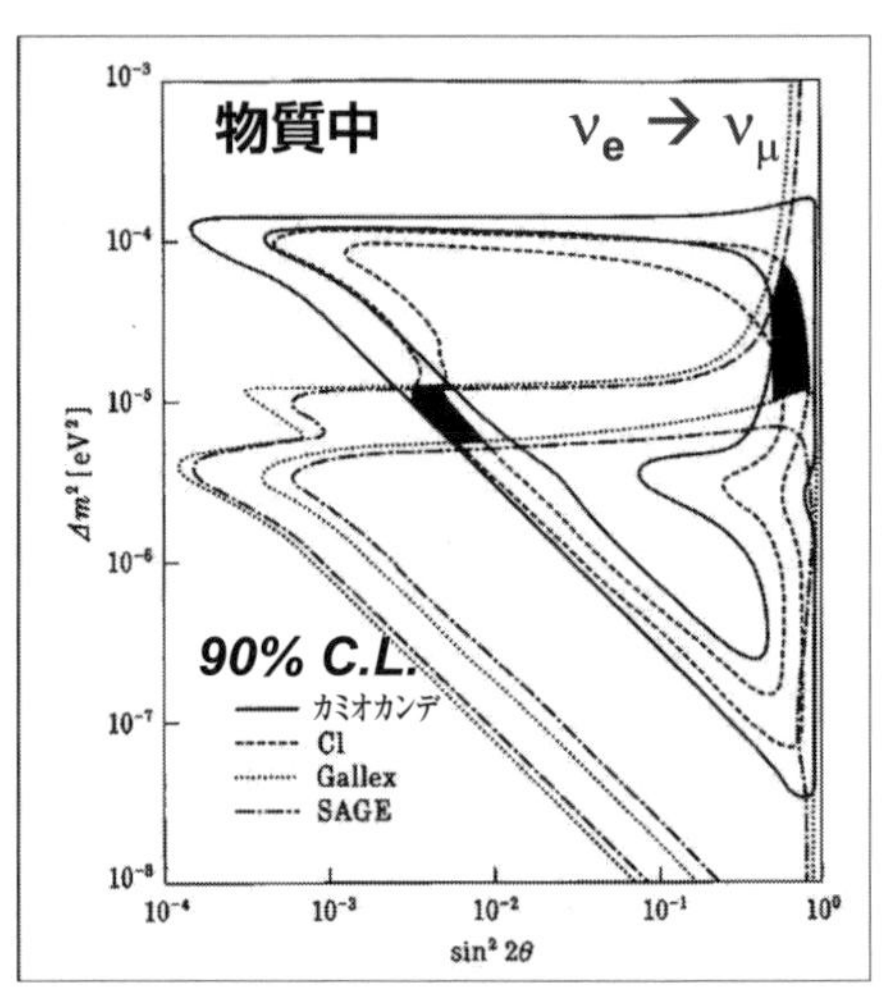

図3·9 1995年当時、塩素37実験、カミオカンデ実験、ガリウム実験によって得られたニュートリノ振動パラメータ。左図は真空振動とよばれるパラメータ域を示し、右図は物質効果が作用する領域を示す。図中の黒の部分がすべての実験結果を説明するパラメータの範囲。

33メガ電子ボルト以上のエネルギーで起こるため、ppνにも感度（検出能力）がありました。ニュートリノ振動がない場合には全反応数の54パーセントがppνによると予想されました。ppνはpp連鎖反応における最も基本的な反応からのニュートリノですので、標準太陽モデルでも強度は正確に予想できます。SAGE、GALLEXの実験結果は、標準太陽モデルの予想値の約50パーセントでした。

スーパーカミオカンデが観測を開始した1996年頃、研究者は「太陽ニュートリノ問題」をどう考えていたでしょうか？　塩素37実験、カミオカンデ実験、SAGE／GALLEX実験によって積み重ねられてきた太陽ニュートリノの観測データ、バコールらが精力的に行ってきた太陽モデルの理論的な研究をから判断すると、「原因が太陽モデルにあるとは考えにくい」、「ニュートリノ振動を考えれば太陽ニュートリノの観測データを非常によく説明することができる」と考えていました。

ニュートリノ振動については5章で詳しく解説しますが、質量の異なる状態の混合を「混合角」というパラメータで表し、また質量の差（正確には質量の2乗の差）をもう一つのパラメータとして、振動確率を記述することができます。MSW効果も考慮して、1995年当時の解析結果を図3・9

に示します。図中の黒い部分に正しい答があるはずだと結論されました。実際、一番右の部分に真の答があることがやがてわかります。

このように太陽ニュートリノ問題の解はニュートリノ振動が有力でしたが、「決め手」に欠いていました。２００１年のスーパーカミオカンデとＳＮＯ実験の比較、２００２年のカムランド実験による原子炉ニュートリノ観測によって太陽ニュートリノ問題は解決します。詳細は6章で解説します。

4章　超新星爆発ニュートリノの初検出
――ニュートリノ天文学の創始

カミオカンデは1987年2月23日に大マゼラン星雲で起こった超新星爆発からのニュートリノをとらえました。この章ではどのようにしてそれが観測されたのか、それはどのように解釈されたのかを紹介します。

1　超新星SN1987Aに遭遇

「超新星爆発」とは、ある日突然、星が非常に明るく輝きだす現象です。あたかも新たな星が生まれたかのように見えるためこのような名前がついていますが、実は質量が大きい星の最後の姿であることがわかっています。超新星爆発が起こる理由については次節で詳しく話をすることとして、この節では1987年にカミオカンデがとらえた超新星爆発からのニュートリノについて解説します。

超新星爆発で放出されるエネルギーの約99パーセントはニュートリノによって星から放出され、残りの約1パーセントが星をばらばらにするエネルギーになり、そして光として放出されるエネルギーはたかだか0・01パーセント程度だと見つもられています。爆発エネルギーの源は大質量星の中心核が重力的に崩壊して中性子星やブラックホールなどのコンパクトな星になるときに解放される位置エネルギーだと考えられています。物質との相互作用が弱いニュートリノは、重力崩壊直後に星からすぐ放出されますが、星が光り輝くのは数時間から1日程度たってからだと考えられています。それは中心核の爆発によって生じた衝撃波が星の中を伝搬していき、星の表面まで到達するまでにそのような時間がかかるからです。ニュートリノ振動の発見によってニュートリノは質量をもつことがわかりました。質量をもつ粒子は光の速度よりも遅くなります。しかし、ニュートリノの質量はきわめて小さいため到達時間に対する影響はわれわれの近傍銀河での超新星爆発ならば1秒以下です。したがって、超新星爆発に際しては、まず最初にニュートリノが到来して、そのあと数時間から1日してから光が訪れることになります。

1987年にカミオカンデがニュートリノで観測した超新星爆発はSN1987Aとよばれています。各年の初めから観測された超新星を順番にA、B、C、…と並べて名前を付けていますので、SN1987Aは1987年に最初に観測された超新星爆発です。これは大マゼラン星雲で起こりました。大マゼラン星雲はわれわれの銀河の伴銀河であり、直径は銀河系の20分の1程度の矮小銀河です。大マゼラン星雲までの距離は約16万光年です。

南米チリのラス・カンパナス天文台で望遠鏡の世話をしていたイアン・シェルトンは1987年2月23日の深夜から24日の2時40分頃まで3時間かけて（世界時では2月24日1時30分頃から3時間）、25センチメートル口径の小さな望遠鏡を使って大マゼラン星雲の写真を撮りました。それを現像してみたところ、見慣れない明るい点があることに気がつきました。シェルトンは最初それが写真の傷かと思ったのですが、外に出て見上げたところ大マゼラン星雲に本当に明るい星があることを肉眼で確認し、本物の超新星であることがわかったのです。現地時間で朝4時ごろのことです。そしてその情報をアメリカ・マサチューセッツ州にある国際天文学連合（IAU）中央電報局へテレックスで送りました。そして、IAUから世界に情報が流れました。いまのようなインターネットのなかった時代ですので、国際的な情報交換はテレックスやファックスで行われていました。

1987年当時、カミオカンデ実験のデータ解析は東京大学理学部素粒子物理国際センターで行われていました。そこへ2月25日に1通のファックスが届きました。ファックスはペンシルバニア大学のシドニー・ブラッドマンから、同大学の教授でカミオカンデメンバーのユージン・バイヤーに宛てたものであり、「大マゼラン星雲で超新星爆発があったようだが、カミオカンデが（ニュートリノによって）見ることはできるか?」といった内容でした。当時、カミオカンデのデータはオープンリール式の磁気テープに記録されていましたが、ブラッドマンからのファックスを受けてすぐに磁気テープを送ってもらいました。2月27日（金）の午後に神岡からの磁気テープが素粒子物理国際センターに到着し、次の日（2月28日（土））の朝には超新星ニュートリノの信号をとらえていることがわかりました。その後、入念なチェックが行われ、3月7日（土）にはカミオカンデグループが論文を発表しました。

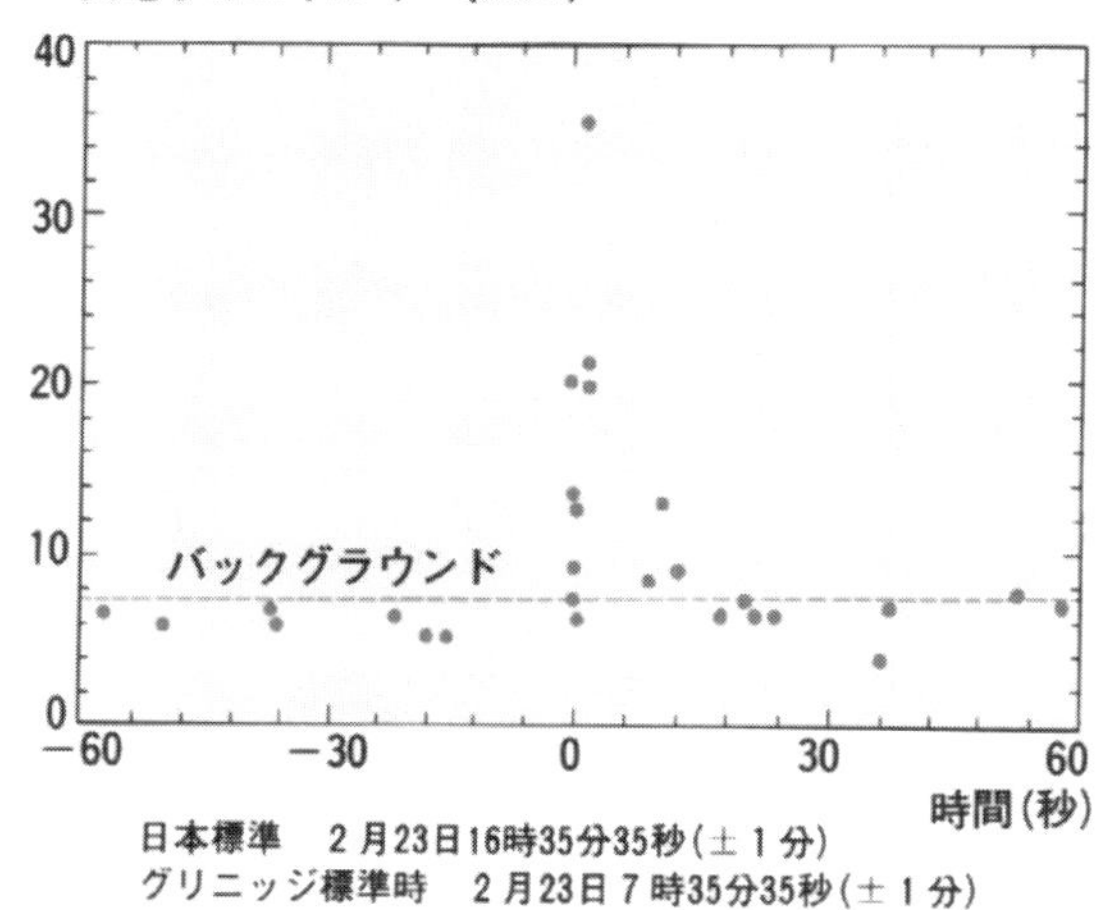

図4·1　カミオカンデがとらえたSN1987Aの信号

図4・1に横軸時間、縦軸に各事象のエネルギーをプロットした図を示します（図1・5と同じ図です）。7メガ電子ボルト程度以下に常に起きている事象は前章で述べたラドンによるバックグラウンドです。2月23日16時35分35秒に始まる13秒間にエネルギーが高めの事象が11個とらえられています。これが超新星爆発にともなうニュートリノの信号です。たったの11個と思われるかもしれませんが、ニュートリノは物質との相互作用がきわめて小さい粒子ですので11個を生成するためには非常にたくさんの

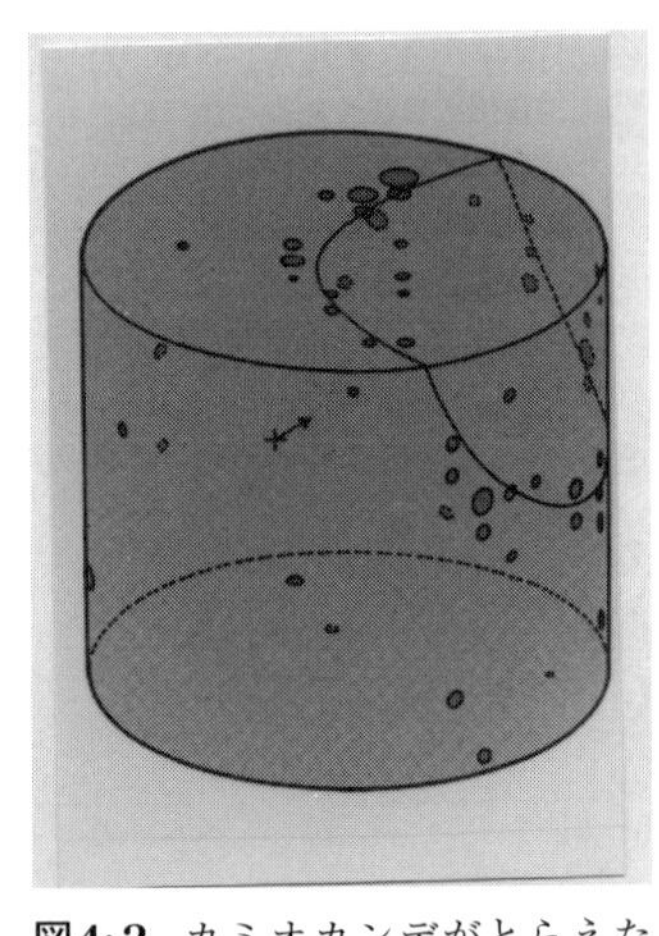

図4·2 カミオカンデがとらえた超新星ニュートリノ事象の一例。小さい丸は光を受けた光電子増倍管を表す。

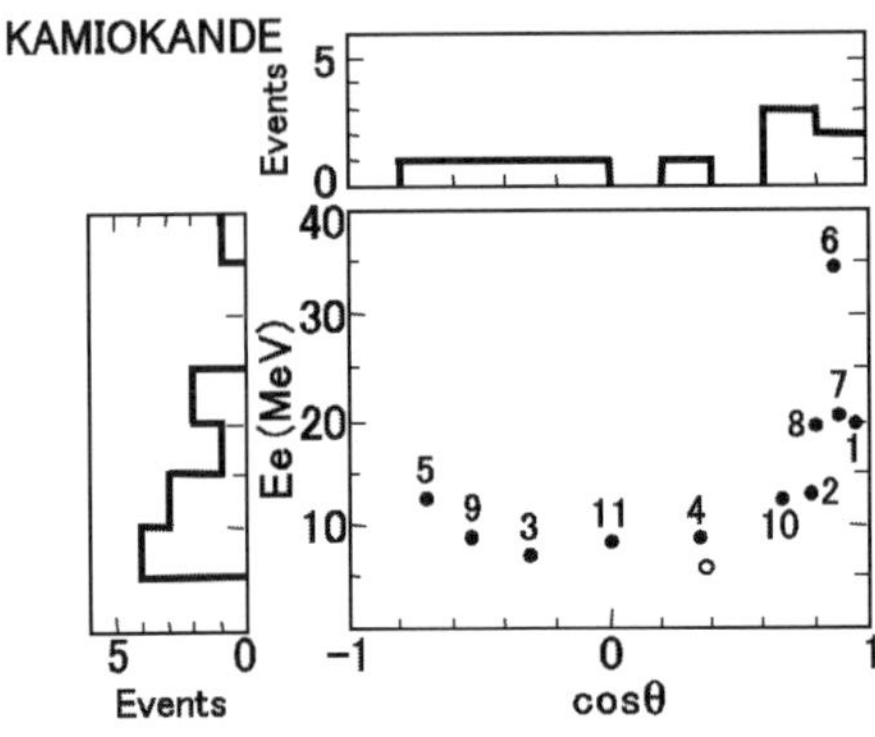

図4·3 カミオカンデがとらえた11事象について超新星との方向（横軸）と事象のエネルギー（縦軸）の2次元にプロットした図。（「超新星との方向」とは、チェレンコフ光を発した粒子の運動方向と超新星からニュートリノが飛来する方向との開き角を表し、ニュートリノが前方に粒子を弾き飛ばした場合には図の右端（$\cos\theta = 1$）に現れる。）

ニュートリノが通過していったことになります。それをちゃんと計算してみるとこの13秒間に1平方センチメートルあたり数百億個のニュートリノが通り抜けていったことになります。

とらえられた現象の1例を図4・2に示します。これは11個のうちの6番目の事象です。2章で紹介しましたようにカミオカンデはチェレンコフ光という光をとらえて粒子を検出する装置です。ニュートリノが水と反応して生まれた荷電粒子が水中を走るあいだに円錐状に発生するチェレンコフ光のパターンが見えています。各光電子増倍管はチェレンコフ光をとらえた時間をナノ秒単位で測定し、その情報から現象がタンク内で発生した場所を求めます。図中に示した+記号がその場所になります。そしてその発生場所から円錐状のチェレンコフ光のパターンを見込むようにして荷電粒子の方向が求められます（図中の矢印）。このようにして求めた各事象の超新星との方向とエネルギーの大きさをプロットした図を図4・3に示します。このようにすべての事象が超新星の方向を向いているわけではありません。これには理由があります。超新星爆発の際にはすべての種類のニュートリノが生まれると予想されます。つまり、電子ニュートリノ（ν_e）、ミューニュートリノ

$$\bar{\nu}_e + p \rightarrow e^+ + n \quad \text{（式1）}$$

$$\nu + e^- \rightarrow \nu + e^- \quad \text{（式2）}$$

（ν_μ）、タウニュートリノ（ν_τ）とそれらの反粒子（$\bar{\nu}_e$、$\bar{\nu}_\mu$、$\bar{\nu}_\tau$）、全部で6種類のニュートリノが生まれます。これらのうちで最も観測しやすいニュートリノは反電子ニュートリノ（$\bar{\nu}_e$）です。それは、陽子（p）と反応して、陽電子（e^+）と中性子（n）になる反応、（式1）が他の反応に比べて起きやすいからです。ちなみに陽子は水 H_2O の水素Hの原子核です。他の反応として、電子との散乱、（式2）もありますが、（式1）の反応の方が20倍近く起きやすい反応です。超新星爆発で生まれるニュートリノのエネルギーはたかだか30メガ電子ボルト程度ですが、質量が938メガ電子ボルト相当の重い陽子にぶつかるので、生まれるe^+はもともとのニュートリノの方向を反映していません。そのため図4・3で事象の角度分布はほぼ平らな分布になっています。

観測された11事象がほぼすべて$\bar{\nu}_e$だったと仮定して爆発で放出されたエネルギーを求めることができます。カミオカンデが観測したエネルギーは陽電子のエネルギーですが、（式1）の反応を起こすニュートリノのエネルギーは陽電子のエネルギーに陽子と中性子の質量の差（1・3メガ電子ボルト）を足した値になります。（式1）の反応の強さはわかっていますから、観測された11事象から地球でのニュートリノの強度を求めると約10^{10} $\bar{\nu}_e/cm^2$となります。超新星までの距離（つまり大マゼラン星雲までの距離）は、16万光年とわかっていますから、強度を全空間で積分すると、爆発に際して約3×10^{57}個の$\bar{\nu}_e$が生まれたことになります。それにカミオカンデが測定した$\bar{\nu}_e$の平均エネルギーを掛算して、粒子と反粒子を合せて6種類のニュートリノがあることを考慮するとニュートリノが運び去った全エネルギーは約3×10^{46}ジュールになります。これはものすごく大きなエネルギーです。太陽がその一生（約100億年）のあいだに放出する全エネルギーの300倍ぐらいに相当するエネルギーです。それをたったの13秒間に放出したことになるのです。

2　超新星ニュートリノとは

さてここからは、このような超新星ニュートリノが放出される様子を少し詳しく見てみましょう。そもそも現在の太陽のように中心領域で水素の核融合反応によってヘリウムが合成され、その際に生じるエネルギーで輝いている星は主系列星とよばれますが、中心の水素がなくなるとヘリウムのコアが収縮し逆に水素の外層は膨張し（赤色）巨星になります。そして収縮によってさらに高温高密度になるとヘリウムの核融合反応（$3\,{}^{4}\mathrm{He} \rightarrow {}^{12}\mathrm{C}$、${}^{4}\mathrm{He} + {}^{12}\mathrm{C} \rightarrow {}^{16}\mathrm{O}$）が始まり、炭素や酸素のコアが形成されます。太陽は、この段階で外層が静かに飛散してコアがむき出しになった白色矮星（半径は地球程度）として一生を終えると考えられています。一方、太陽の8～10倍以上の質量をもつ大質量星の場合は、炭素・酸素の核融合も起こり、ケイ素を経て原子核の中で最も結合エネルギーの大きい鉄のコア（質量は太陽質量程度、半径は地球程度）ができます。鉄のコアは核融合で熱を生み出すことができず、やがて自己重力に抗しきれなくなってしまいます。そして、電子捕獲反応（たとえば、${}^{56}\mathrm{Fe} + e^{-} \rightarrow {}^{56}\mathrm{Mn} + \nu_e$）や光分解反応（たとえば、${}^{56}\mathrm{Fe} + \gamma \rightarrow 26p + 30n$）などを引き起こしながら、重力崩壊して（つぶれて）しまいます。急激に収縮するにつれ、中心密度は初めの10^{9}g/cm^{3}程度から5桁も上昇し原子核密度（約10^{14}g/cm^{3}）に達しますが、これは陽子、中性子、原子核同士がすき間なくたがいに接触するような高密度なので、強い反発力を及ぼし合うようになり、収縮が急に妨げられて内部コアの跳ね返り（バウンス）が起こります。一方、その外側には重力崩壊によって超音速で落下してくる外部コアがあり、収縮が止まった内部コアと落下してくる外部コアの境界で衝撃波が発生します。この衝撃波が外部コアを通り抜け、鉄コアを覆っているケイ素、酸素、炭素、ヘリウム、水素などの外層を吹き飛ばして、星が爆発し明るく輝きだすのが重力崩壊型超新星爆発です。吹き飛ばなかった中心部分は、平均密度が原子核密度という高密度の中性子星になり、実際に超新星の残骸（たとえば、平安時代に爆発した超新星の残骸である、おうし座のかに星雲）の中にあるパルサーとして観測されています。また、外層を充分に吹き飛ばせなかったケースでは、残った質量が中性子星の限界質量を超えてしまい、中性子星もつぶれてブラックホールが形成されると考えられています。このような重力崩壊における超新星コアでは、密度（10^{14} g/cm^3 以上）や温度（10^{11} K以上）が非常に高くなるため各種の素粒子反応が頻繁に起こり、物質と弱い相互作用しかしないニュートリノも大量につくられ、他の粒子と熱平衡・化学平衡になります。すなわち超新星コアの内部には、数として電子、陽子、中性子などとほぼ同じくらいのニュートリノが存在するようになります。超新星コアの中で他の粒子はほとんど移動できないのに対して、反応率が低いニュートリノは相対的に動きやすく、コアの熱を外へもちだすのは光や電子ではなくニュートリノとなります。こうして、超新星コアからは計10^{58}個もの超新星ニュートリノが放出されるのです。

　ところで、超新星の中にはニュートリノをあまり放出しない種類もあります。これまで説明してきた重い星の重力崩壊型超新星爆発では、水素の外層が吹き飛ぶ際に出てくる光が観測されるため、水素原子に特徴的な波長の輝線や吸収線が観測され、II型の超新星と分類されます。一方、一部の重い星は進化の途中で外層の水素やヘリウムをまわりに放出して失うことがあり、このような星が重力崩壊型超新星になると、水素線が観測されずIb/c型超新星と分類されます。これに対し、太陽と同じように炭素・酸素のコアがむき出しになって白色矮星として一生を終える軽い星の中には、他の星とお互いのまわりをぐるぐる回る連星系をなしているものもあります。相手の星からガスを引きつけ白色矮星の限界質量（チャンドラセカール質量とよばれ、太陽の約1・4倍の質量）に達してしまうケースでは、中心密度や温度が上がり炭素や酸素の核融合が暴走し、星全体がこなごなに飛び散ってしまいます。このような核燃焼暴走型の超新星爆発では、水素線は観測されず、ケイ素線が目立つなどの特徴からIa型超新星と分類されています。このとき実現される密度（約10^9g/cm^3）や温度（およそ10^{10}K）は、重力崩壊型超新星のコアに比べれば低いので、ニュートリノはあまり放出されません。SN1987Aは、水素線が観測されII型と分類されたので、重力崩壊型と考えられ超新星ニュートリノの観測が期待されたわけです。また、どちらのタイプの超新星爆発にしろ、星の進化途中や爆発時に合成されたさまざまな元素（炭素、酸素、鉄など）をまわりの宇宙空間にまき散らします。そうした元素から地球や生物が生まれたということは、われわれ自身が星のかけらでできているということになるのです。

つづいて、超新星ニュートリノの放出過程を、順を追って見てみましょう。超新星ニュートリノは大まかに3段階に分けることができます。（1）コアの重力崩壊とバウンス段階、（2）コアの爆発までの段階、（3）原始中性子星の冷却段階、です。図4・4を参考にしてください。

（1）コアの重力崩壊時には、電子が原子核（の陽子）に捕獲されて電子ニュートリノ ν_e が生成されます。最初コアの密度が低いので、ニュートリノはそのまま宇宙空間に飛び去りますが、密度が10^{11-12}g/cm^{3}を超えるようになると、ニュートリノと物質の散乱反応が無視できなくなってニュートリノがコア内部に閉じ込められるようになります。このとき外からニュートリノで見たときの表面に相当する面をニュートリノ球とよびます。内部コアがバウンスして衝撃波が発生するのは、このニュートリノ球の内側です。また、重力崩壊開始からバウンスまでの時間は自由落下時間（10ミリ秒）程度のあっという間です。衝撃波が外部コアを進むとき、原子核が中性子や陽子に分解されますが、その陽子が電子を吸収して中性子になるときにさら

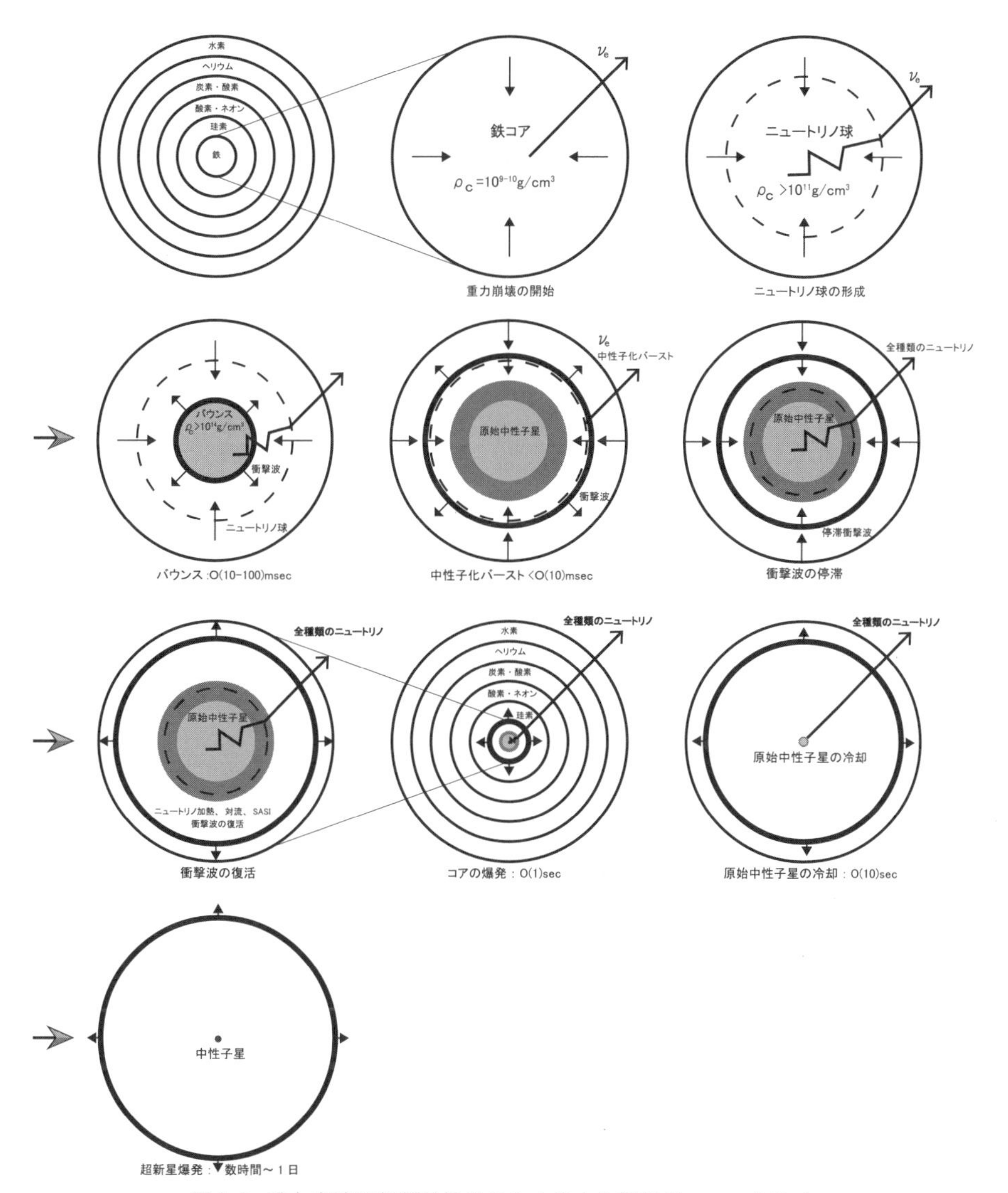

図4·4　重力崩壊型超新星爆発のシナリオと超新星ニュートリノ

に大量の電子ニュートリノがつくられます。衝撃波がニュートリノ球を通過するとき、その周辺で生成された電子ニュートリノは、ニュートリノ球内に閉じ込められることなく一気に外へ飛び出してきますが、これを中性子化バーストとよんでいます。

（2）ここまでは主に電子ニュートリノが放出されましたが、続くコアの爆発までの段階では、すべてのニュートリノ（電子・ミュー・タウニュートリノと反ニュートリノ）がほぼ熱的に放出されます。まず、ニュートリノ球を通過した衝撃波は、上から落下してくる外部コアの物質を減速、光分解しながら電子捕獲やニュートリノ放出を行いだんだん弱まっていきます。衝撃波で高温になった物質中では、電子だけでなく陽電子も豊富に存在し、陽電子が中性子に吸収されて、反電子ニュートリノが生成されたり（$e^+ + n \rightarrow p + \bar{\nu}_e$）、電子と陽電子の対消滅によって全種類のニュートリノと反ニュートリノの対が生成されたりする（$e^+ + e^- \rightarrow \nu + \bar{\nu}$）のです。外部コアの途中で衝撃波が停滞してしまったあと、ニュートリノ球から出てくるニュートリノによる加熱や対流などの流体運動の効果で100ミリ秒〜1秒程度の時間をかけて衝撃波が復活すると考えられていますが、詳細はまだ研究が行われている状況です。この段階では、バウンスした内部コアの表面に、衝撃波が通過して熱くなった外部コアの物質が降り積もり、その熱や解放された重力エネルギーがニュートリノとして放出されるわけです。また、こうしてできる中心天体を原始中性子星とよびます。ニュートリノ球の中では6種類のニュートリノがほぼ物質と熱平衡になるので、この段階以降、全種類のニュートリノがほぼ同等に放出されます。ただし、物質との反応率に差があり、反応率の最も大きい電子ニュートリノは相対的に低温低密度の物質とも反応するためニュートリノ球が最も外に位置し、出てくるニュートリノの平均エネルギー（ニュートリノ球の温度に対応）は電子ニュートリノが最も低くなります。次に低いのが反電子ニュートリノであり、反応率が低く差がほとんどないその他

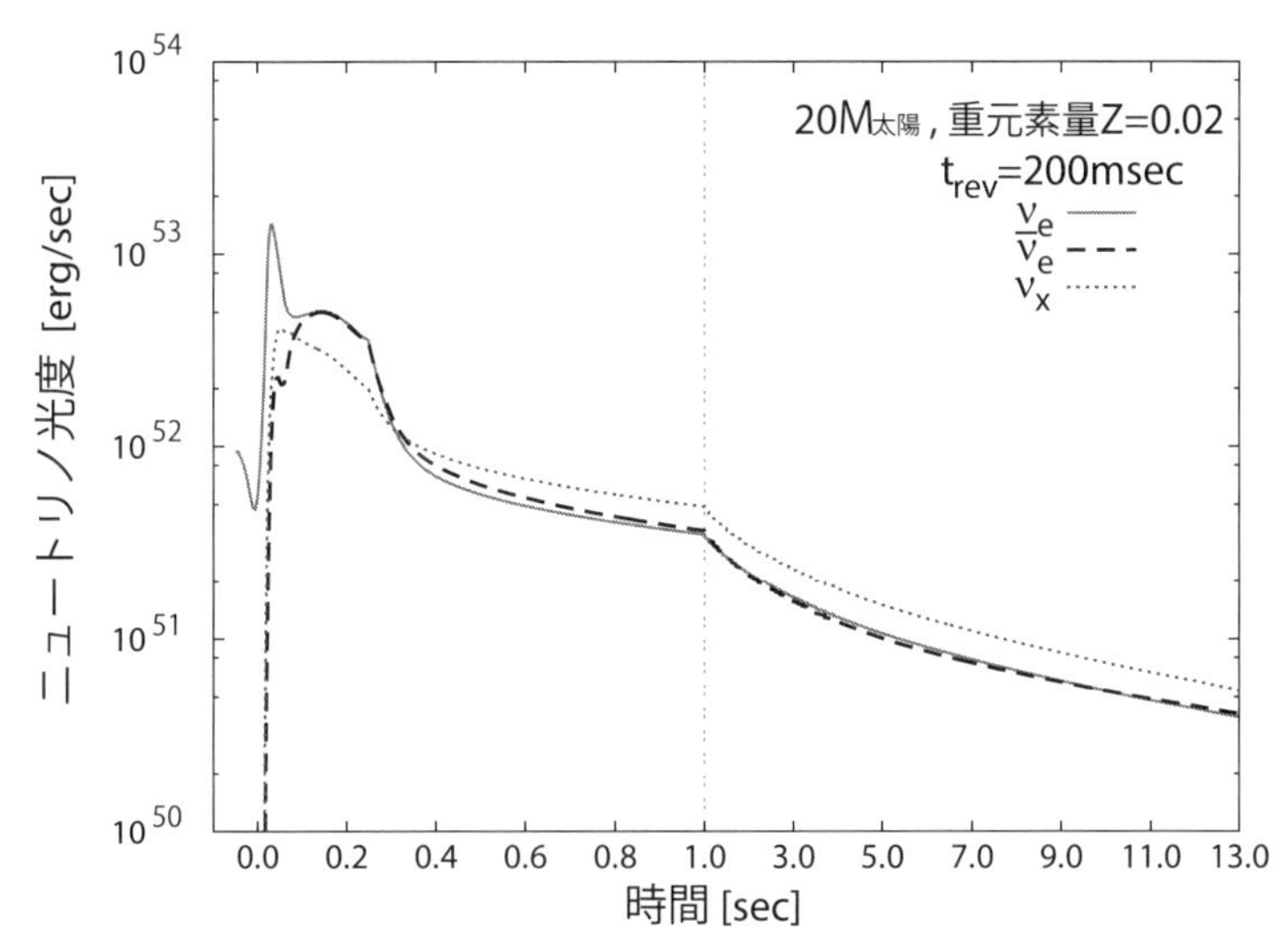

図4·5 数値シミュレーションから予想される太陽質量の20倍の星の爆発で放出されるニュートリノ（Nakazato *et al*.：超新星ニュートリノデータベース、2013より）。横軸の時間は、コアのバウンスを原点にとり、見やすいよう $t=1$ sec を境に目盛間隔を変えてある。縦軸はそれぞれのニュートリノの光度（1 erg $=10^{-7}$J）。電子ニュートリノ ν_e と反電子ニュートリノ $\bar{\nu}_e$ に対し、非電子型のニュートリノと反ニュートリノはまとめて１種類の ν_X と近似して計算されている。

のニュートリノ・反ニュートリノは、最も平均エネルギーが高くなる傾向があります。

（３）衝撃波は１００ミリ秒～１秒かかって外部コアの表面まで到達したあと、コアを覆っている密度の低い外層の中を進み、数時間から１日かけて星の表面に達します。外層が吹き飛び、超新星爆発として光で観測されるようになるのです。同時に、中心に形成された高温の原始中性子星は、ニュートリノが内部の熱をもち出して冷えていきます。ニュートリノが原始中性子星の中心から表面まで拡散して出てくるタイムスケールを見つもってみると、10秒程度になるので、この原始中性子星の冷却は光で超新星爆発が観測される前に終わってしまうわけです。

上記（１）（２）（３）のニュートリノは連続しており、重力崩壊型超新星からは約10秒間にわたって、平均エネルギー10～20メガ電子ボルト、合計約10^{46}ジュールの超新星ニュートリノが放出されることになります（図４・５）。

3　SN1987Aの観測からわかったこと

以上のように、重力崩壊型超新星爆発から超新星ニュートリノが放出されることが予想されていた中、SN1987Aが起こり、カミオカンデが史上初の超新星ニュートリノの観測に成功しました。実際の観測から何がわかったのでしょうか?

カミオカンデで観測された超新星1987Aのニュートリノは、13秒の間に11個でしたが、この13秒間というバーストの継続時間は、超新星コアに閉じ込められたニュートリノの拡散時間に対応しています。電磁相互作用と弱い相互作用を統一するワインバーグ-サラム理論によればニュートリノと原子核のコヒーレント散乱により、それまでコアに閉じ込められることなく数ミリ秒で出てきてしまうと考えられていた超新星ニュートリノが、いったんはコアに閉じ込められじわじわ出てくるという佐藤勝彦が明らかにした描像の正しさが確認されたわけです。また、観測された11個の電子あるいは陽電子の方向は、最初の1個を除いて超新星とは無関係な方向であり、これは反電子ニュートリノが陽子に吸収されたときに出てきた陽電子と考えられました。中性子星の形成時に期待される中性子化に伴う電子ニュートリノでなく、反電子ニュートリノが観測されたことも、超新星コアの中で全種類のニュートリノがほぼ同等に生成されるという理論に合致していました。逆に、ほぼ同じくらい他の種類のニュートリノも飛んできていたわけですが、水との反応確率（電子との前方散乱反応）が1桁ほど小さく、11個のうちのせいぜい1個程度が期待値となります。偶然、最初の観測事象の荷電粒子の運動方向が超新星から飛んできたニュートリノと同じ方向で、超新星ニュートリノの最初に起こる中性子化バーストの電子ニュートリノと電子の散乱反応の可能性もあります。しかし、中性子化バーストとして出てくる電子ニュートリノはたかだか超新星ニュートリノの1パーセントでしかないため、観測数の期待値も０・１個以下で、統計的に最初の１イベントが中性子化バーストを観測したものとはいえません。一方、11事象すべてが反電子ニュートリノによるものだったとして、11事象それぞれのエネルギーから、反電子ニュートリノの平均エネルギー（温度に関係）と全エネルギーを見つもることができます。議論の精度を高めるため、カミオカンデに続いて８個のニュートリノを観測したＩＭＢのデータも加えて解析したところ、反電子ニュートリノの温度としては4.0±0.5メガ電子ボルト、全エネルギーとしては$3.4^{+1.5}_{-1.0}\times10^{45}$ジュールとなり、超新星ニュートリノの標準的な理論やシミュレーションの予想と合致するものでした。すなわち、長年発展してきた水素燃焼の主系列星から鉄のコアができるまでの星の進化理論と、コアの重力崩壊によって引き起こされる重力崩壊型超新星爆発のモデルが大筋で正しかったことが、観測的に実証されたのです。さらに、ニュートリノバーストの開始時刻は、光では見ることのできない星のコアの重力崩壊の時刻に対応し、あまり例のなかった比較的半径の小さい青色巨星の爆発を理解するうえで非常に役立ちました。また、反電子ニュートリノのエネルギーの６倍が、６種類の超新星ニュートリノの全エネルギーだと考えられますが、これは超新星残骸の中心に残った天体の重力結合エネルギーに相当します。超新星１９８７Ａの場合、この値は（2～3）$\times10^{46}$ジュール程度になり、中心にはブラックホールではなく中性子星が形成されたのであろうと考えられます（残念ながら、まだ中心天体自身は見つかっておらず正体は不明です）。天文学はこれまで電磁波（可視光、電波、赤外線、紫外線、X線、γ線）によるものでしたが、ＳＮ１９８７Ａからの超新星ニュートリノの観測は、新たにニュートリノ天文学の幕開けを告げるとともに、超新星に関するこれまでの大体物理学の成果の正当性を確認する重要な意味をもっていました。そして、カミオカンデでのこのような業績に対して小柴先生に２００２年ノーベル物理学賞が授与されました。

3章で説明したように、陽子崩壊実験に加えて当時問題となっていた太陽ニュートリノの観測のために、カミオカンデの改造が行われ10メガ電子ボルト程度の低エネルギーニュートリノの観測もできるよう準備が整ったとたん、われわれのお隣りの銀河である大マゼラン星雲で超新星1987Aが爆発し、超新星ニュートリノを観測することができました。肉眼で見ることのできる超新星は、ケプラーが詳しく観測した1604年の超新星以来ほぼ400年ぶりだったわけですが、16万年前に大マゼラン星雲を出てほぼ光速で16万光年もの距離を飛んできたニュートリノが、カミオカンデの準備ができた直後に地球を通過していってくれた奇跡に驚かざるを得ません。カミオカンデを祖とするさまざまな実験が成果を上げていく第一歩となった歴史的なできごとでした。超新星自体が近傍では滅多に起こらないため、その後超新星ニュートリノは観測されていませんが、われわれの銀河系の中心領域で重力崩壊型超新星爆発が起これば、スーパーカミオカンデで1万個弱のニュートリノが観測できるだろうと予想されています。SN1987Aのニュートリノ観測では観測事象が少なすぎてわからなかった超新星爆発のメカニズムの詳細や超新星コアの状態について、さまざまな知見がもたらされるであろうと期待されています。また、一度放出された超新星ニュートリノはほとんど吸収されないため、過去の超新星から放出された超新星ニュートリノが、宇宙空間にどんどん蓄積されていきます。この超新星背景ニュートリノを観測しようとする試みも行われています。宇宙膨張に伴い昔の超新星から出たニュートリノは波長が伸びて低エネルギーに赤方偏移してしまいますが、その効果も取り入れて計算した超新星背景ニュートリノのエネルギースペクトルは、個々の超新星爆発のニュートリノ放出量だけでなく、どの時代にどのような星がどれくらい生まれ爆発したか、という星形成・進化の情報も含んでいます。超新星背景ニュートリノが観測できれば、宇宙進化の謎に迫る新たな手段となるのです。

5章　大気ニュートリノもおかしい

(a)　(b)

図5·1　熱気球に乗り込むヘス。(Y. Sekido, H. Elliot (eds.)：Early History of Cosmic Ray Studies (D. Reidel Publishing Company, 1985) より)

1　大気ニュートリノとは

私たちが住む地球には、「宇宙線」とよばれるエネルギーの高い粒子群が常時降り注いでいます。1912年、ヴィクトール・フランツ・ヘスは気球に乗って高度とともにどのように放射線の強度が変化するかを調べ、上空へ行くほど放射線強度が上がることから宇宙線を発見しました(図5・1)。のちほど地表まで届いている宇宙線の話をしますが、それと区別するために宇宙から降り注いでくる粒子を「一次宇宙線」とよんでいます。その後の観測によって一次宇宙線のエネルギーや粒子の種類がわかってきました。宇宙線は、水素(H)、ヘリウム(He)、炭素(C)、酸素(O)、鉄(Fe)などの原子核です。その主たる成分のエネルギー分布を図5・2に示します。主成分は陽子(水素の原子核、図中のp)であり、それ以外にヘリウム原子核(図中のHe)、炭素や酸素の原子核(図中のC、

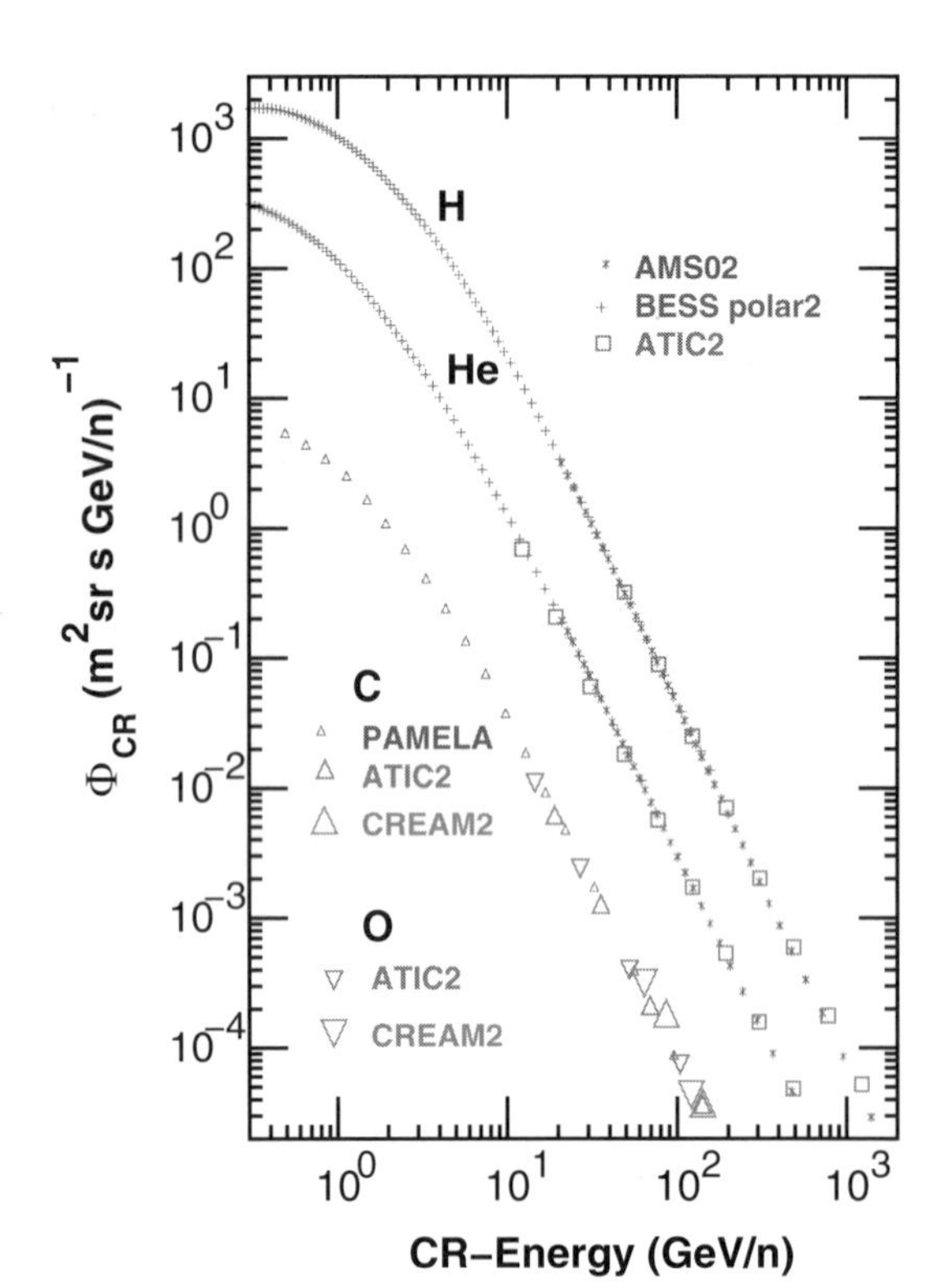

図5·2　一次宇宙線のエネルギースペクトル（本田守広氏より）

O）、リチウム、ベリリウム、ホウ素、鉄などの原子核も含まれています。一次宇宙線がどこでどのようなメカニズムで生成されているのかは非常に重要な研究テーマですが、実はまだよくわかっていません。前章で述べた超新星爆発が起きたあと、超新星の外部へ衝撃波が伝わっていく際にそこにある物質を加速していることが源であるという説が最も有力ですが、その確実な証拠をまだ誰もつかんでいません。ただ、一次宇宙線の観測結果からいえることは、宇宙のいたるところから飛んできており、われわれの地球にはほぼ一様に降ってきているということです。つまり、北半球でも南半球でも一次宇宙線の強度はほとんど同じです。

一次宇宙線が地球に飛んでくると大気中で反応します。私たちは地表で約1気圧の圧力を受けています。それをほとんど意識していないかもしれませんが、標高3776メートルの富士山の山頂に行くと気圧が0・63気圧ぐらいになり空気が薄くなっていることを感じるでしょう。1気圧を1平方センチメートルに何キログラムの重さがかかっているか、という単位に直すと、1・034キログラム重／平方センチメートルになります。つまり、1平方センチメートルに約1キログラムの大気による重しがかかっています。もし、仮にこの1キログラムを水とすると10メートルの厚みに相当します。地上の実験で10メートルの水にエネルギーの高い陽子を照射するとすぐに反応を始め、10メートル進むあいだに2次的な粒子に変わります。大気中でも同じように宇宙線は大気中の酸素や窒素と反応して、2次粒子に変わります。たとえば、100ギガ電子ボルト（100 GeV ＝ 10^{11} eV）の陽子が大気に入射した場合のシミュレーションを図5・3に示します。地表から見るとおよそ20〜30キロメートル上空のあたりで一次宇宙線の反応が起きています。

さて、ここで2次的に発生する粒子は何かというと、パイ中間子やケイ中間子とよばれる粒子です。パイ中間子は湯川秀樹が強い力を説明するために予言した粒子ですが、プラス、マイナス、ゼロの荷電状態をもちます。以下、記号を使って、π^+、π^-、π^0と書きます。

π^+、π^-は質量が139・6メガ電子ボルトの粒子であり、π^0は135・0メガ電子ボルトです。陽子の質量が938メガ電子ボルトですので、その7分の1ぐらいの重さです。π^0はすぐ二つのガンマ線に崩壊し、それぞれのガンマ線は電子や陽電子の粒子群になって減衰してしまいます。一方、π^+、π^-は（式1）、（式2）のように、ミュー粒子（μ）とミューニュートリノ（ν_μ）に崩壊します。ここで、μ^-はマイナスの電荷をもったミュー粒子であり、μ^+はプラスの電荷をもったミュー粒子です。μ^+はμ^-と区別するならば、「反ミュー粒子」とよぶべき粒子です。これらを区別するために「ミューレプトン数（L_μ）」というも

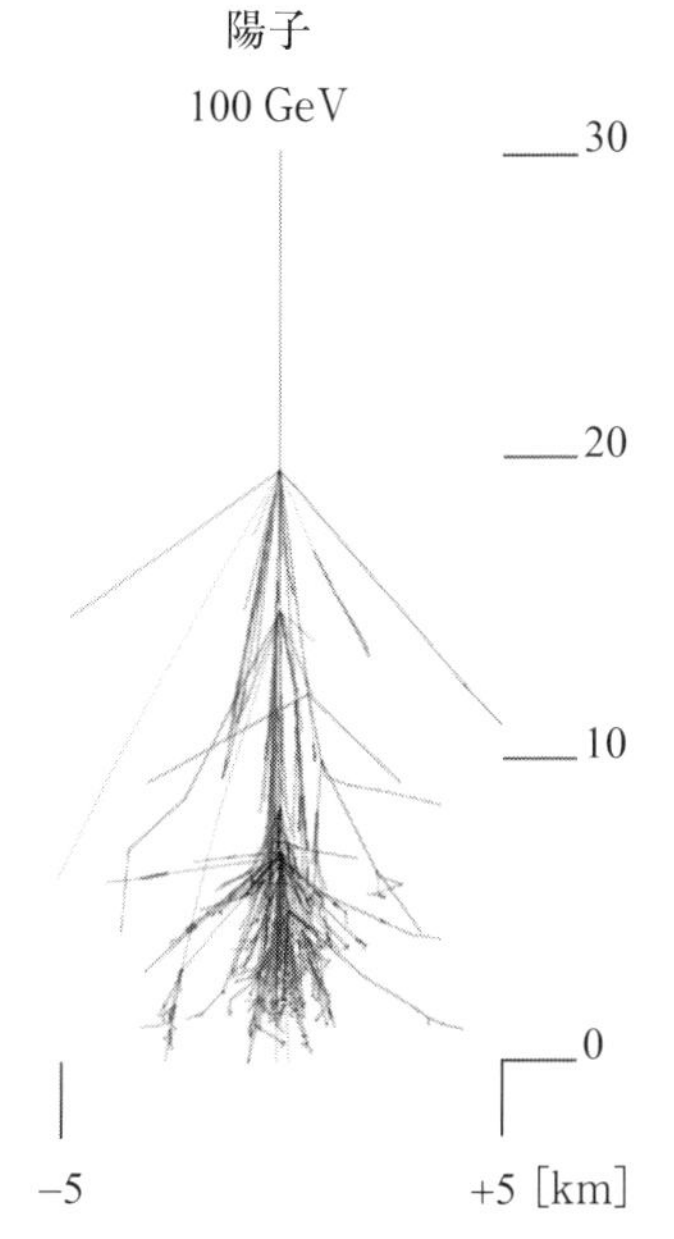

図5·3　一次宇宙線が大気中で反応する様子。100ギガ電子ボルト（10^{11}eV）の陽子が大気に入射した場合の粒子の軌跡を示した。

$$\pi^+ \rightarrow \mu^+ + \nu_\mu \quad \text{（式1）}$$

$$\pi^- \rightarrow \mu^- + \bar{\nu}_\mu \quad \text{（式2）}$$

$$\gamma = \frac{1}{\sqrt{1-\beta^2}} \quad \text{（式3）}$$

$$20 \times 10^{-6}(\mathrm{sec}) \times 3 \times 10^8(\mathrm{m/sec}) = 6000\mathrm{m} = 6\mathrm{km} \quad \text{（式4）}$$

のを定義しています。μ^-は$L_\mu = +1$、μ^+は$L_\mu = -1$です。π^+の崩壊では反ミュー粒子とミューニュートリノとが生まれ、π^-の崩壊ではミュー粒子と反ミューニュートリノとが生まれるという関係にあり、ニュートリノに対してもL_μを定義して、ν_μは$L_\mu = +1$、$\bar{\nu}_\mu$は$L_\mu = -1$です。（式1）、（式2）とも反応の前と後とでL_μの和が保存していることがわかります。

ミュー粒子は約2マイクロ秒で崩壊します。しかし、アインシュタインの特殊相対性理論によれば、速度が大きい粒子は寿命が延びます。ミュー粒子の速さをv（メートル／秒）として、それを光の速さc（3×10^8メートル／秒）で割った値をβ（$= v/c$）と書き、ローレンツ因子（γ）とよばれる量が（式3）のように定義されています。高速で走るミュー粒子の寿命はγ倍に伸びます。仮にミュー粒子の速さが光の速さの99パーセント、つまり$\beta = 0.99$とするとγは10となり、寿命が20マイクロ秒になります。20マイクロ秒のあいだ、ほとんど光の速さで走ったとすると、（式4）のように飛ぶことができます。$\beta = 0.999$だと19キロメートルになります。一次宇宙線は地表から20～30キロメートルのところで反応しますので、βの値がこのぐらい以上のミュー粒子はミュー粒子として地表に降り注ぎ、それ以下の速さのミュー粒子は上空で（式5）、（式6）のように崩壊します。L_μと同様に電子に対しては「電子レプトン数（L_e）」があり、L_μ、L_eそれぞれ反応の前後で保存することを考えると（式5）、（式6）のような粒子、反粒子の関係になることが理解できると思います。

さて、速い、つまりエネルギーの高いミュー粒子は地表まで届きますので、地表に粒子検出器を置くと、そこで計測される宇宙線はほとんどこのミュー粒子です。その強さは約１００平方センチメートル（ほぼ手のひらサイズ）に1秒間に約1個です。それほどたくさんのミュー粒子が降り注いでいます。そのため、カミオカンデやスーパーカミオカンデを地表につくったとすると一つ一つのミュー粒子が観測されてしまうため、電子回路の処理能力を超えてしま

$$\mu^{+} \rightarrow e^{+} + \bar{\nu}_{\mu} + \nu_{e} \qquad （式5）$$

$$\mu^{-} \rightarrow e^{-} + \nu_{\mu} + \bar{\nu}_{e} \qquad （式6）$$

い、待望のニュートリノや陽子崩壊の事象をとらえることができません。そのためカミオカンデ、スーパーカミオカンデは地下につくられたわけです。ミュー粒子は電荷をもっていますので、地下の岩盤を通過していくあいだにエネルギーを失います。そして止まってしまうと（式5）、（式6）の反応のように崩壊します。地下1000メートルにある検出器まで届くには地表で約1テラ電子ボルト（1 TeV ＝ 10^{12} eV）のエネルギーをもっている必要があります。ちなみに1テラ電子ボルトのミュー粒子のローレンツ因子 γ は約10000であり、β は0.99999995になります。このようにエネルギーの高いミュー粒子はなかなかつくれないため、たとえば山頂直下、1000メートルにあるカミオカンデ実験室まで届くミュー粒子の数は地表の約10万分の1になっています。

さて、ここから本題の「大気ニュートリノ」の話です。（式1）、（式2）、（式5）、（式6）の反応によって ν_{μ}、$\bar{\nu}_{\mu}$、ν_{e}、$\bar{\nu}_{e}$、つまりミューニュートリノ、電子ニュートリノの粒子・反粒子が生まれます。大気中での一次宇宙線の反応をシミュレーションすることによって、これらのニュートリノの予想されるエネルギー分布を計算することができます。その結果を図5・4に示します。大気ニュートリノの全強度は私たちの体を1秒間に10万個ぐらい通り抜けているほどになります。エネルギーが高くなるにしたがって強度が落ちていく分布をしています。1～10ギガ電子ボルトではエネルギーの約3乗で減衰し、エネルギーが高くなるにつれ、減衰率も高くなります。ただし、観測するという観点においてはエネルギーに比例してニュートリノ反応断面積が上がっていくこと、エネルギーが大きいと実験装置のより広い範囲で起こったニュートリノ反応事象もとらえることができるため、実際にはエネルギーの高いニュートリノも捕まえることができます。

図5・4に示したニュートリノのエネルギー分布には、誤差をともないます（近年では10

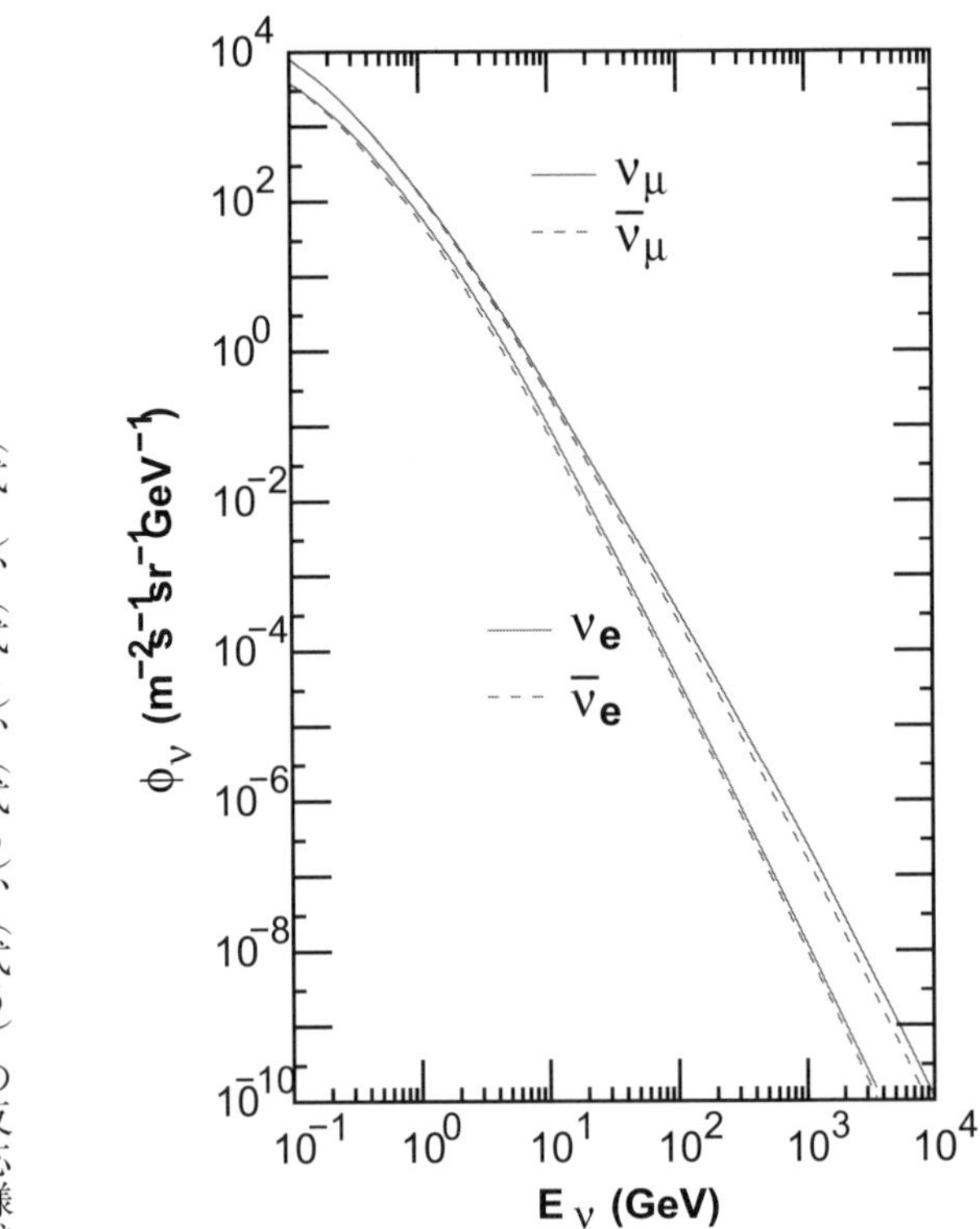

図5·4　大気ニュートリノの予想されるエネルギースペクトル（本田守広氏より）

パーセント程度まで下がりましたが、カミオカンデの頃は30パーセント近い大きさでした）。それは一次宇宙線の強度や上空での反応の様子がそれほど正確にはわかっていないこと、などの理由があります。さらに、ニュートリノを観測する際には反応する強さ（それを「断面積」とよんでいます）に関する誤差もともないます。それに対して、ミューニュートリノと電子ニュートリノの強度の「比」という量はそれほど誤差を伴いません（具体的には5パーセントぐらいの精度で予想することができます）。それは「比の値」は（式1）、（式2）、（式5）、（式6）の反応様式だけによって決まっている値であって、一次宇宙線の反応の不確定性が相殺されるためです。図5・5に比の分布を示します。エネルギーが1ギガ電子ボルト以下では、ミューニュートリノと電子ニュートリノの比（具体的には、$(\nu_\mu + \bar{\nu}_\mu)/(\nu_e + \bar{\nu}_e)$ ですが、以降略して、「μ/e比」と書きます）が、ほぼ2になっていることがわかります。それはエネルギーが低いミュー粒子は大気中で（式5）、（式6）のように壊れてしまうため、（式1）、（式2）も合せて考えると2個のν_μあるいは$\bar{\nu}_\mu$に対して1個のν_eあるいは$\bar{\nu}_e$という関係にあるからです。一方、1ギガ電子ボルト以上のエネルギーに対しては

（式4）、（式5）の反応が上空で起こらず前述のようにミュー粒子がミュー粒子のまま地表に届き、地中でエネルギーを失って止まってしまうため、μ/e 比が2よりも大きくなっていきます。次節でカミオカンデ実験における測定の話をしますが、カミオカンデが解析した大気ニュートリノ事象は主として1ギガ電子ボルト程度以下であったため、μ/e 比を2として扱ってよいエネルギー領域でした。

大気ニュートリノを世界で初めて観測したのは、１９６５年に行われた二つの実験でした。一つはフレデリック・ライネスらが南アフリカの金鉱（地下３２００メートル）で行った実験、もう一つは大阪市立大学の三宅三郎らがインドのコラー金鉱（地下２３００メートル）で行った実験でした。どちらの実験とも地下のトンネルの左右両サイドにミュー粒子の検出器を置き、横方向から飛んでくるミュー粒子を探しました。それぞれの実験装置の写真を図５・６、図５・７に示しました。２０００〜３０００メートルの地下まで届く宇宙線ミュー粒子はほとんどがまっすぐ下向きになります。それは、斜め方向や横方向だと、より厚い岩盤を通り抜けてこなければならず、そのためにはエネルギーが高い必要があり、図５・２に示したように強度が下がるためです。一方、ニュートリノは地球すら簡単に通過してしまうような粒子ですので、横方向から飛んできて検出器の近くまでくることが可能です。そのようなニュートリノのうちミューニュートリノ（ν_μ あるいは $\bar{\nu}_\mu$）が岩盤と反

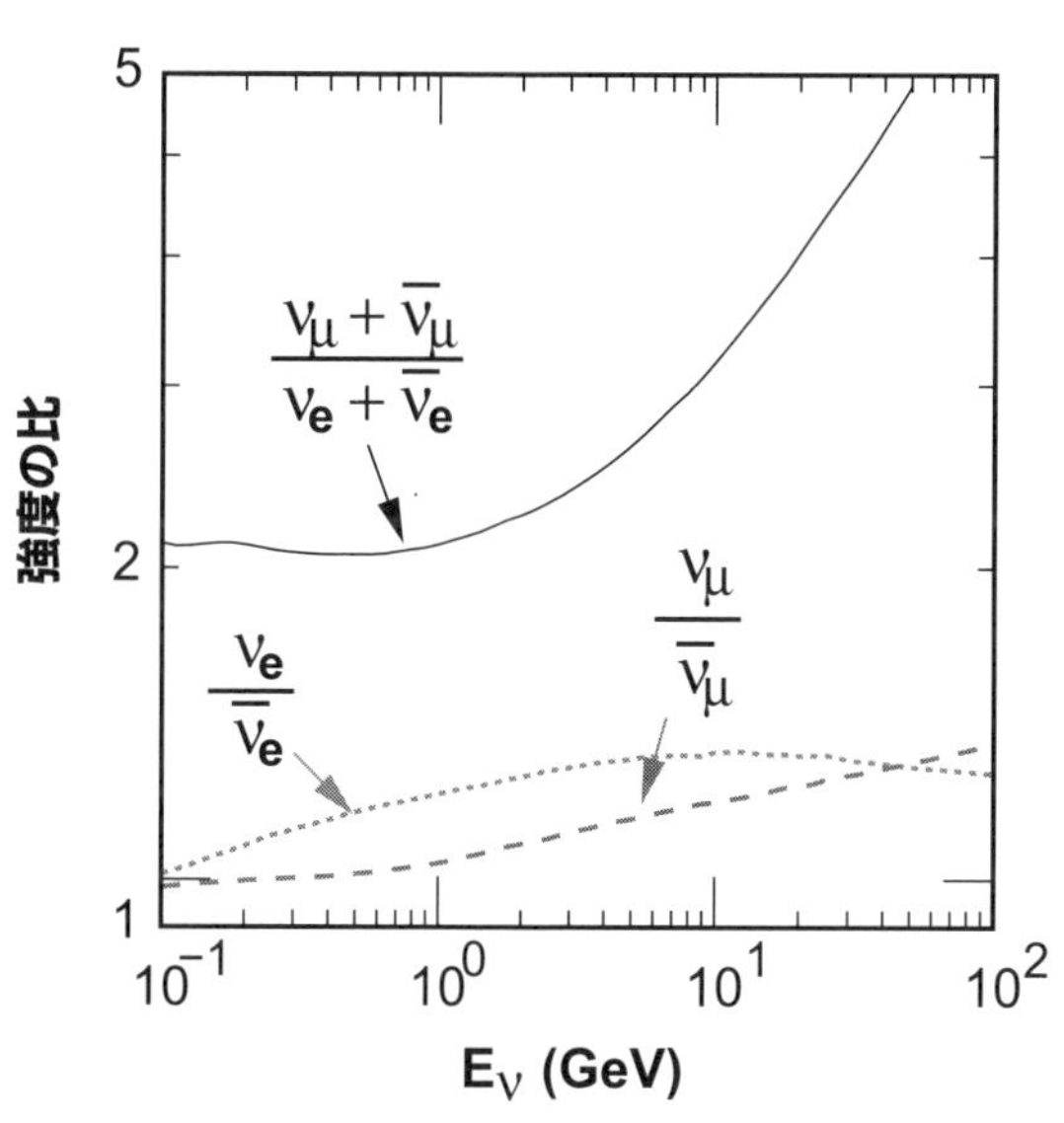

図5·5　大気ニュートリノの成分ごとの比（本田守広氏より）

図5·6 1965年に南アフリカの金鉱（地下3200メートル）で大気ニュートリノをとらえた実験装置。

図5·7 1965年にインドのコラー金鉱（2300メートル）で大気ニュートリノをとらえた実験装置。

応してミュー粒子を生みます。そのミュー粒子が検出器を横向きに通り抜けるため、横向きのミュー粒子ならば大気ニュートリノの反応によるものだとわかるのです。1965年7月に両実験とも論文を発表しましたが、フレデリック・ライネスらの実験は7事象、三宅三郎らの実験は3事象検出したと書かれています。いつの時代も研究に競争は付きもので、大気ニュートリノの初観測においてもその様子がうかがえます。

2　大気ニュートリノがおかしい

第2章に書きましたように、カミオカンデ実験装置は陽子崩壊を発見するために建設されました。水槽にためられた水の中で、たとえば、陽子（p）が陽電子（e^+）とπ^0中間子に壊れる（$p \to e^+ + \pi^0$）モードなどが予想され、探索されました。陽子の質量が938メガ電子ボルト、約1ギガ電子ボルトですので、陽子崩壊以外でその

$$\nu_\mu + n \rightarrow \mu^- + p \qquad (式7)$$

$$\bar{\nu}_\mu + p \rightarrow \mu^+ + n \qquad (式8)$$

$$\nu_e + n \rightarrow e^- + p \qquad (式9)$$

$$\bar{\nu}_e + p \rightarrow e^+ + n \qquad (式10)$$

$$\nu_\mu(\bar{\nu}_\mu) + N \rightarrow \mu^-(\mu^+) + N' + \pi \qquad (式11)$$

ぐらいのエネルギーをもった現象として考えられるのは大気ニュートリノでした。大気ニュートリノは岩盤や地球すら簡単に通り抜けてきて、まれに水の中の陽子（p）や中性子（n）と反応します。いくつか反応の例を示すと以下のようになります。以下、N、N′はpかnのどちらかを表します。（式7）～（式10）は「準弾性散乱」とよばれる反応です。陽子や中性子と反応することによってニュートリノが対応するレプトンに変わり、陽子は中性子に、中性子は陽子に変わる反応です。ニュートリノの種類は反応した際に何が生まれるかということで定義していますので、ν_μはμ^-に変わり、ν_eはe^-に変わります。それぞれ反粒子の場合は、$\bar{\nu}_\mu$はμ^+に変わり、$\bar{\nu}_e$はe^+に変わります。ニュートリノのエネルギーが1ギガ電子ボルト以下の場合はこの準弾性散乱が主たる反応になります。ニュートリノのエネルギーが1ギガ電子ボルトを超えるようになるとパイ中間子が一つ生まれるような（式11）や（式12）の反応が起こるようになります。パイ中間子にはπ^+、π^-、π^0の三つの電荷状態がありますから、左辺と右辺の電荷の和が保存するようにいろいろなN、N′の組み合せがあります。カミオカンデでは電荷の違い、つまりμ^-とμ^+との違いやe^-とe^+との違いは区別できませんので、これらをまとめて反応式を書いています。さらにもっと高いエネルギーになると（式13）、（式14）のように複数のパイ中間子が生まれるようになります。（式12）の例として、

$$\nu_e + n \rightarrow e^- + p + \pi^0$$

や

$$\bar{\nu}_e + p \rightarrow e^+ + n + \pi^0$$

といった反応が可能です。pやnは相当大きなエネルギーをもたないとチェレンコフ光を発することはないので、これらの反応は、電子（陽電子）とπ^0とが生まれるという点においては陽子崩壊と同じような現象です。しかし、図5・8に示すように陽子崩壊は止まっている陽子か

$$\nu_e(\bar{\nu}_e) + N \rightarrow e^-(e^+) + N' + \pi \qquad (式12)$$

$$\nu_\mu(\bar{\nu}_\mu) + N \rightarrow \mu^-(\mu^+) + N' + \pi + \pi + \cdots \qquad (式13)$$

$$\nu_e(\bar{\nu}_e) + N \rightarrow e^-(e^+) + N' + \pi + \pi + \cdots \qquad (式14)$$

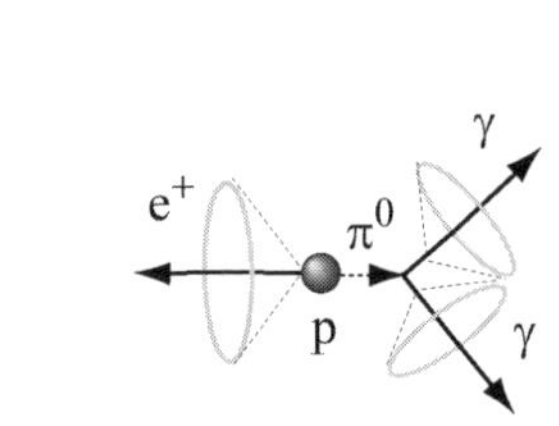

陽子崩壊

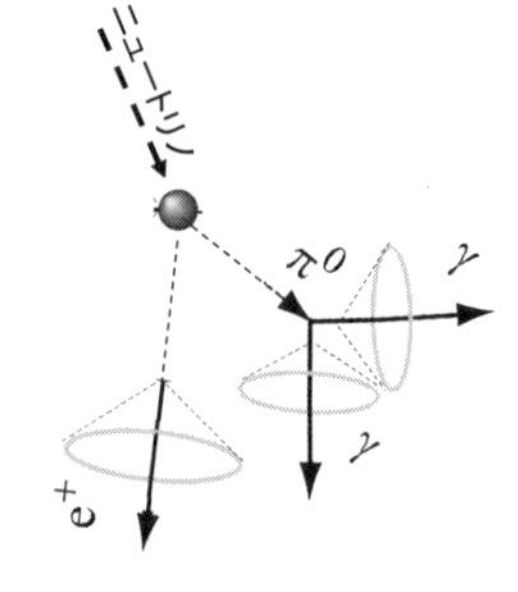

ニュートリノ反応

図5·8 陽子崩壊と大気ニュートリノ反応との違い。

ら陽電子とπ^0が出るため反対方向にチェレンコフ光が出ますが、大気ニュートリノの反応ではもともと大きな運動量をもっていたニュートリノが止まっている陽子や中性子に当たって粒子を生むわけですから、電子（陽電子）、π^0とも前方に放出されます。しかし、大気ニュートリノの反応でもごくまれに反対方向に出ることもあります。そのため、「陽子崩壊に対するバックグラウンド」を見つもることを目的として大気ニュートリノの研究が進められました。

（式7）〜（式14）に示したニュートリノ反応では、発生する粒子が$\mu^\pm$なのか$e^\pm$なのかによって、元のニュートリノがν_μ、$\bar{\nu}_\mu$なのかν_e、$\bar{\nu}_e$なのかを決めることができます。カミオカンデではμとeの区別はできますが、電荷の違いはできませんので、以降、$\mu^\pm$、$e^\pm$を単にμ、eと書くことにします。ではどのようにしてμとeを区別するのでしょうか？　図5・9にμとeが水の中でどのように進むのか、カミオカンデ検出器ではチェレンコフ光のパターンがどのように見えるのかを示しました。μはeに比べて200倍も重い粒子であるため、水の中をほぼまっすぐ進んでいきます。そのため、輪郭がくっきりとしたチェレンコフ・リングパターンを形成します。一方、eは軽いため、走っているあいだに酸素原子核のクーロン力によって曲げられたり、ときどきガンマ線を放出してさらにそのガンマ線からe^-とe^+が生成されたりして、多数の折れ曲がった軌跡からチェレンコフ光が発せられます。したがって、電子は輪郭がぼやけたチェレンコフ・リングパターンになります。2章に書きましたようにカミオカンデは陽子の崩壊モードがよくわかるように大きな光電子増倍管を使用しましたが、それが大気ニュートリノの種類を見分けるのにも役立ったわけです。

カミオカンデにおいて観測された大気ニュートリノは3日に1事象ぐらいでした。1983年7月に観測が始まり1984年10月初めまで第1期のデータを取得し、その後太陽ニュートリノに向けた装置の改良を行い、1985年1月から第2期のデータを取り始めました。そして1987年11月までに277の大気ニュートリノ事象を観測しました。この中でチェレンコフ・リングの数が一つのもの、つまり見えている粒子が一つである現象は190個ありました。リング数が一つの現象を選ぶのは（式7）～（式10）に示したような準弾性散乱の現象を選ぶためです。これらの事象を使って、「μらしい事象」と「eらしい事象」の比を調べたところ、約1対1という結果でした。この解析に使われた大気ニュートリノ事象は1ギガ電子ボルト以下のエネルギーをもつ現象でしたが、前に述べたように、この領域のエネルギーでは、

$\nu_\mu : \nu_e$ = 約2：1

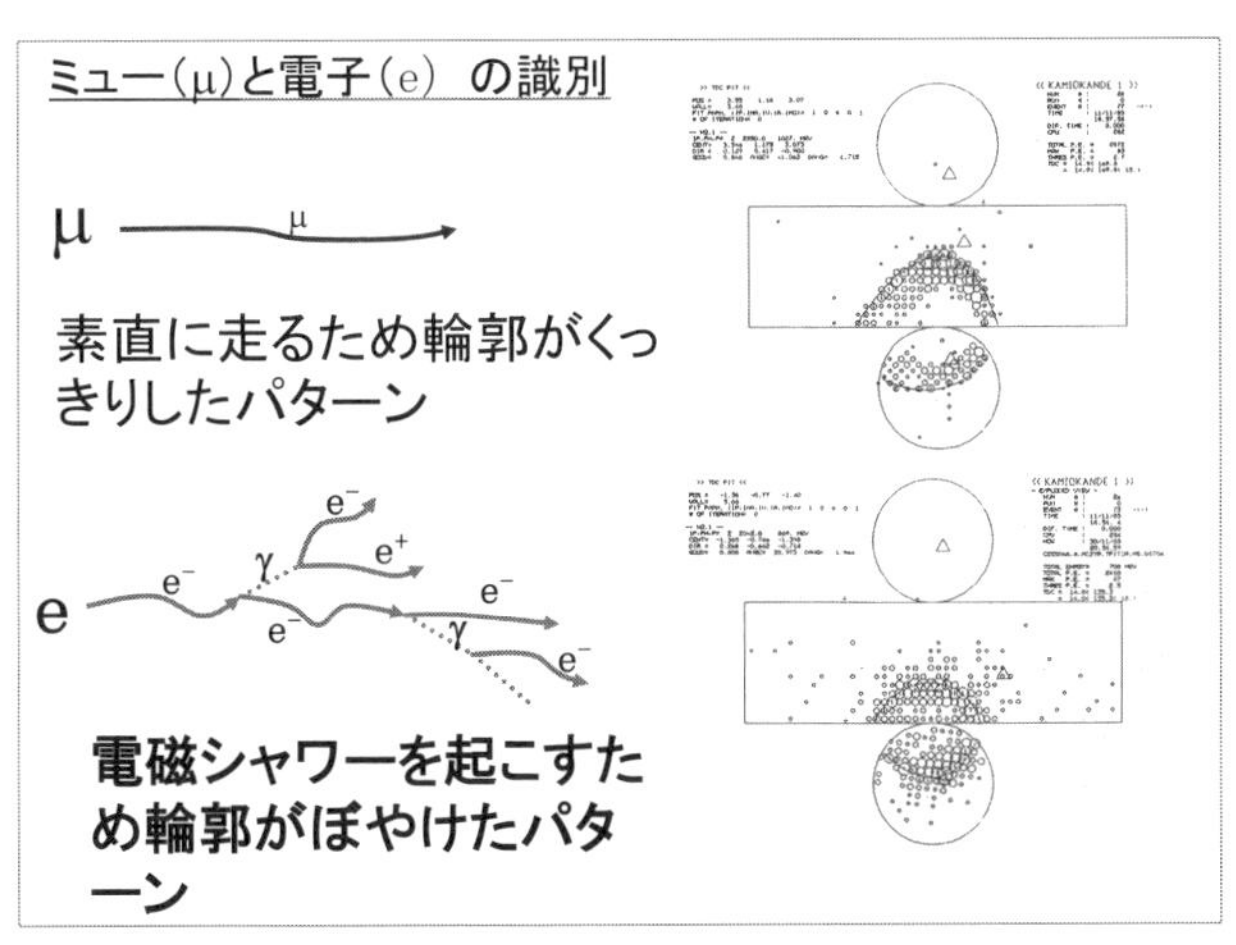

図5·9 ミュー粒子と電子が水の中を走る様子とそれによるチェレンコフ光のパターンの違い。

になるはずです。図5・10は、当時の論文に掲載されたそれぞれの事象に対する運動量分布です。相対性理論によれば、運動量 $=\sqrt{(\text{エネルギー})^2-(\text{質量})^2}$ から、質量がエネルギーに比べてある程度小さい場合にはほぼエネルギーと思ってよい量です。この図を見ると「eらしい事象」に対しては観測されたデータと予想される分布（ヒストグラム）がほとんど合っていますが、「μらしい事象」に対しては観測されたデータが予想値のほぼ60パーセントしかありません。つまり、本来2対1であるべき ν_μ：ν_e の比が観測結果では、約1対1になっている理由は「μらしい事象」の方に何か問題があるように思えます。しかし、前に書きましたように予想値の絶対値には当時は30パーセント近い誤差がありましたので、問題の原因が「μらしい事象」の方にあるとは、にわかには結論づけられませんでした。ν_μ、ν_e の予想値をどちらも20パーセント減らして考えると「μらしい事象」も「eらしい事象」も両方ともおかしいという可能性もありました。いずれにしても、ν_μ：ν_e の比が合わないということはたいへん大きな謎でした。

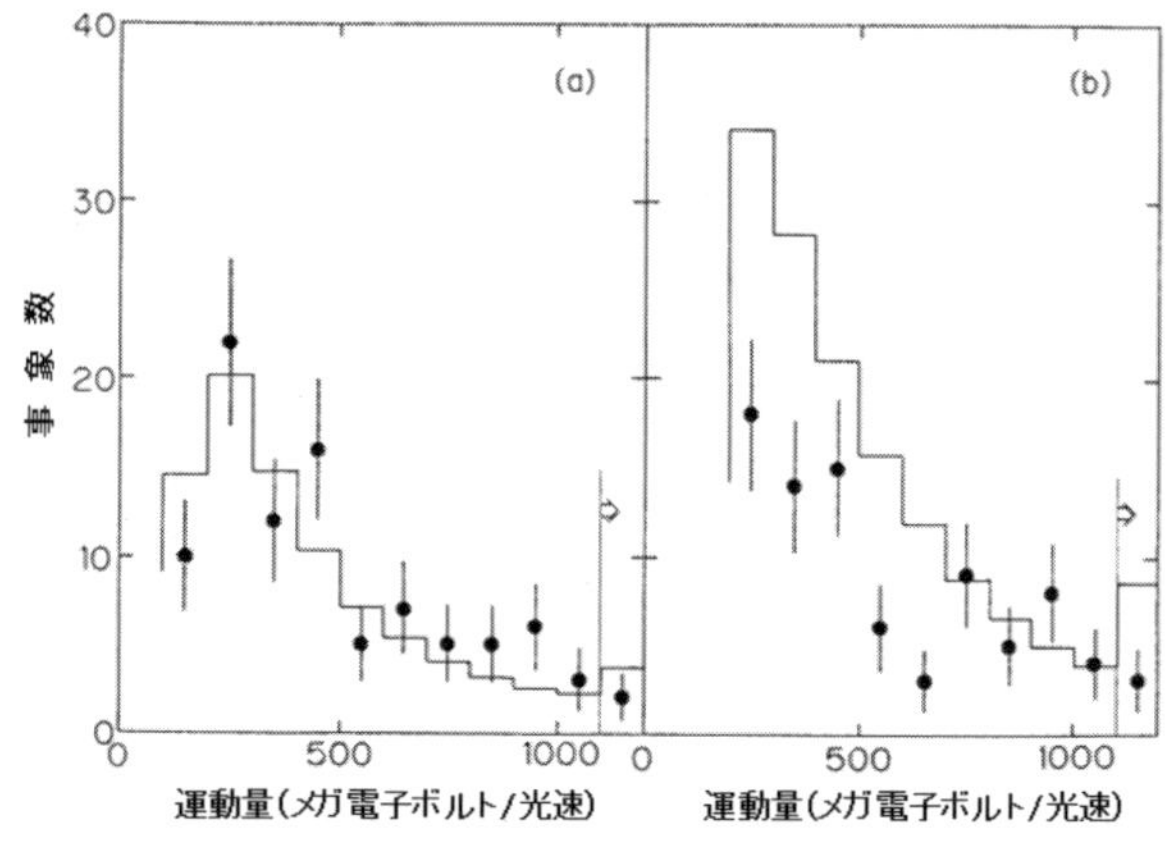

図5·10 1988年のカミオカンデの論文（Phys. Lett. B**205**, 416 (1988)）に掲載された運動量分布。左は「eらしい事象」、右は「μらしい事象」に対する分布を示し、図中のデータポイントはカミオカンデの実際のデータ、実践のヒストグラムはニュートリノ振動がないとした場合に予想される分布を示す。

3 謎の原因は？

謎の原因としては、まず実験に付随する要因が考えられました。前節で述べたようにチェレンコフ光のパターンからμなのかeなのかを判断していますが、そこに問題がないかと疑いま

$$\nu_\alpha = \cos(\theta)\,\nu_1 + \sin(\theta)\,\nu_2 \quad \text{（式15）}$$

$$\nu_\beta = -\sin(\theta)\,\nu_1 + \cos(\theta)\,\nu_2 \quad \text{（式16）}$$

$$\nu_\alpha = (\nu_1 + \nu_2)/\sqrt{2} \quad \text{（式17）}$$

$$\nu_\beta = (-\nu_1 + \nu_2)/\sqrt{2} \quad \text{（式18）}$$

$$P(\nu_\alpha \to \nu_\beta) = \sin^2(2\theta) \times \sin^2\left(1.27 \times \Delta m^2 \frac{L}{E}\right) \quad \text{（式19）}$$

した。そのため、宇宙線のミュー粒子やときどきそのミュー粒子がカミオカンデのタンク内で崩壊して発生する電子を使って確認しましたが、パターン認識の解析プログラムには問題がないことがわかりました。また、これは時期的にはあと（１９９４年）になりますが、つくば市にある高エネルギー加速器研究機構（ＫＥＫ）にカミオカンデをまねた水チェレンコフ検出器をつくり、そこにμ粒子や電子ビームを打ち込んで、チェレンコフ光のパターンを確認した際にも、やはり解析プログラムには問題がないということが再確認されました。

こうした状況のもとで、謎の原因はニュートリノ自身が走っているあいだに種類を変えてしまう現象（「ニュートリノ振動」）であると考えるようになりました。ニュートリノ振動では、二つのモードが考えられました。一つは主にν_μとν_τとのあいだで振動するもの、もう一つは主にν_μとν_eとのあいだで振動するものでした。$\nu_\mu \to \nu_\tau$振動の場合は、ν_μとして生まれた大気ニュートリノが飛んでくるあいだにν_τに変わってしまうというものです。ν_τが水の中で反応するには、$\nu_\tau + n \to \tau^- + p$や$\bar{\nu}_\tau + p \to \tau^+ + n$などの反応をしないといけませんが、$\tau^\pm$は、質量が１・７７７ギガ電子ボルトとたいへん重く、ν_τ、$\bar{\nu}_\tau$が1ギガ電子ボルト程度しかエネルギーをもっていない場合には、そもそもエネルギー保存則によって反応が起きません。そのため、実験装置を素通りする粒子となってしまいます。一方、$\nu_\mu \leftrightarrow \nu_e$振動の場合は2対１の比で生まれた大気ニュートリノが走っているあいだに変化しますが、振動しているあいだに比が1対1に近づいていくというシナリオになります。

ニュートリノ振動については3章ですこし述べましたが、おさらいをするとともに大気ニュートリノのデータを解釈するうえで必要な情報をここで紹介しましょう。ニュートリノ振動が起こるためには、ニュートリノが質量をもっていることと、ν_e、ν_μ、ν_τといった「相互作用の固有状態」は質量の固有状態（ν_1、ν_2、ν_3）が混合した状態であることが必要です。話を簡単にするため2種類のニュートリノ間での振動を考えることにします。相互作用の固有状態をν_α、ν_βと書き、二つの質量固有状態をν_1、ν_2を書くことにします。これらのあいだには、（式15）、（式16）という関係があります。ν_α、ν_βはν_1、ν_2の2次元平面上で回転した形になっておりその回転角θを混合角とよんでいます。仮に混合角が0度とすると$\nu_\alpha = \nu_1$、$\nu_\beta = \nu_2$となりそれぞれの相互作用の固有状態が決まった質量をもつことになりますし、最も回転している場合（$\theta = 45°$）の場合には、（式17）、（式18）となって、それぞれの相互作用固有状態は半々の確率で二つの質量状態が混じっていることになります。

　ν_αの状態として生まれたエネルギーE（ギガ電子ボルト）をもつニュートリノが距離L（キロメートル）走ったあとでν_βになる確率をPとすると、それは量子力学を使って計算することができて、その結果は、（式19）となります。ここで、$\Delta m^2 = m_2^2 - m_1^2$であり、二つの質量の2乗の差が$\Delta m^2$です。ちょっと複雑な式ですが、距離$L$の関数として確率が正弦関数で振動し、その振幅の大きさは混合角θの関数として$\sin^2(2\theta)$になっていると理解してください。たとえば、混合角θがゼロの場合は$\sin^2(2\theta)=0$となって確率はゼロになりますし、最大混合角$\theta = 45°$の場合は$\sin^2(2\theta)=1$となって最大の振幅になります。

　カミオカンデは1992年に大気ニュートリノの謎をニュートリノ振動だと解釈する論文を発表しました。その論文に乗せられた図を図5・11に示します。左の図は$\nu_\mu \leftrightarrow \nu_e$振動とした場合、右の図は$\nu_\mu \leftrightarrow \nu_\tau$振動の場合を表しますが、図中の斜線で示した範囲に混合角θ（プロットでは$\sin^2(2\theta)$の値にしている）とΔm^2があれば、カミオカンデの観測結果を説明できるということになりました。スーパーカミオカンデが稼働して最終的にわかった答は、右の図の斜線範囲の中で右端の点（$\Delta m^2 = 2.5\times10^{-3}\,\mathrm{eV}^2$, $\sin^2(2\theta)=1$）であったわけですが、その兆候はすでにカミオカンデの結果で見えていました。

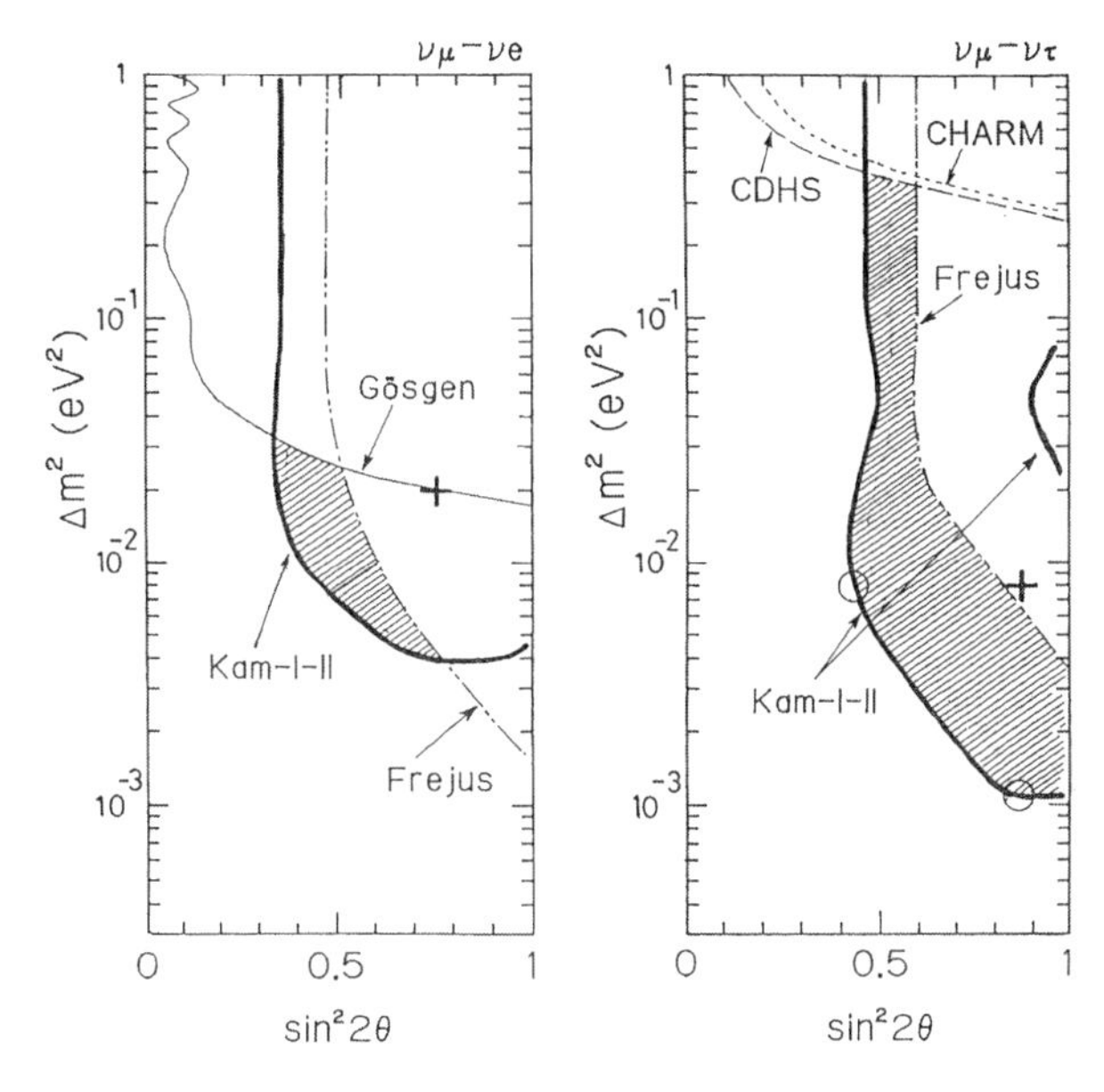

図5･11　左は$\nu_\mu \leftrightarrow \nu_e$振動、右は$\nu_\mu \leftrightarrow \nu_\tau$振動の場合を表し、カミオカンデの実験結果を説明するための混合角θ（プロットでは$\sin^2(2\theta)$の値にしている）と質量の2乗の差（Δm^2）の範囲を斜線で示している。論文（Phys. Lett. B**280**, 146-152 (1992)）より。

図5・10に示したデータはエネルギーが低めの事象でしたが、カミオカンデは1994年にエネルギーが高め（数ギガ電子ボルト程度以上）の事象も解析しました。その結果を図5・12に示します。このデータの特長は観測された粒子が元のニュートリノの方向を保持していることにあります。図の横軸は天頂角を表し、右端は上空で発生し下向きに飛んでくるニュートリノ、左端は地球の裏側で生まれて長い距離飛んできたニュートリノに対応します。縦軸は「μらしい事象」と「eらしい事象」の比の観測値／予想値を表しています。つまり、予想どおりに観測されていれば1になるべき値です。この図を見ると誤差が大きいながら、下向きの事象はほぼ予想どおりですが、上向きの事象は半分程度しかないことがわかります。これはニュートリノ振動を強く示唆する結果でした。では、なぜこの時点で世界の物理学者がカミオカンデの結果からニュートリノ振動の存在を確信しなかったのでしょうか？　それはカミオカンデのデータがたかだか数百事象程度であり、統計的な不確定性をぬぐいきれなかったこと、何らかの予期せぬ事情により予想値の計算がまちがっているのではないかといった疑いがあったからです。また、ニュートリノ振動以外の新たな物理によるという可能性もありました。こうした

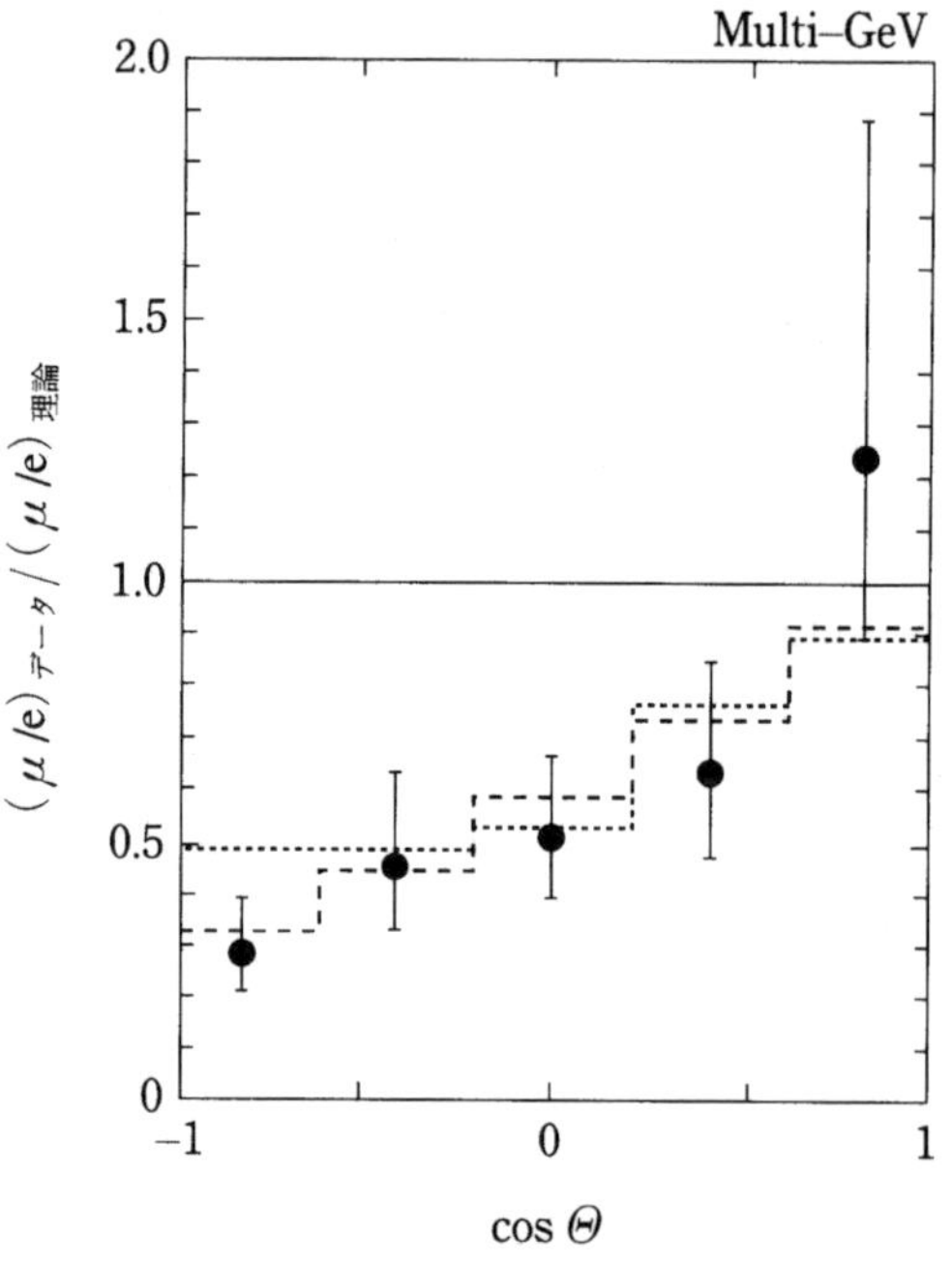

$\dfrac{(\mu/\mathrm{e})_{データ}}{(\mu/\mathrm{e})_{理論}}$の天頂角分布

図5･12 カミオカンデが1994年に発表したエネルギーが高めの事象に対するデータ。横軸は天頂角、縦軸はμ/e比のデータと予想値との比。ニュートリノ振動がなければ縦軸は1になるはずだが、振動があると点線や破線のようになる。

疑問に答えるには、1桁サイズの大きい検出器スーパーカミオカンデが必要だったのです。これについては6章で詳しくお話しします。また、自然界で生まれる大気ニュートリノではなく、加速器で人工的につくられた（つまり素性の知れた）ニュートリノを使ってニュートリノ振動を確認することも重要でした。これらについては7章でお話しします。

6章　スーパーカミオカンデの待望とニュートリノ質量の発見

1　太陽ニュートリノと大気ニュートリノの謎を解く

スーパーカミオカンデをつくろうという計画は、カミオカンデがスタートしたあとすぐに（1984年頃から）、陽子崩壊探索や太陽ニュートリノ検出の能力を上げる必要性を考えていたカミオカンデ関係者の中で練られていました。最初は、別の名前でよばれており、スーパーカミオカンデという名前が使われ始めたのは86年頃からです。しかし、計画をより強力に後押ししたのは、歴史的なイベントである超新星からのニュートリノバーストの観測（1987年）、太陽ニュートリノ欠損の確認（1989年）です。また、大気ニュートリノ異常の謎の発見（1988年）は、徐々にその重要性を増していきます。太陽ニュートリノの検出数は、カミオカンデの太陽ニュートリノ観測に使われた有効質量680トンで10日に1事象程度でした。また、有効質量1000トンが使えた大気ニュートリノ観測も、ほぼ同程度の検出数しかありませんでした。大気ニュートリノ異常は、当時まだ広くは、受け入れられていませんでしたが、スーパーカミオカンデ建設中に大きく進展し、1994年には、カミオカンデから、統計は少ないものの、初めて天頂角分布が示されています。

消えた太陽ニュートリノの謎と大気ニュートリノ異常が、ニュートリノ振動に関連しているのではないかという考えを、すでに多くの人がもっていました。しかし、これらが、真の発見となるためには、英語でいうところの「Smoking Gun Evidence」が必要です。すなわち「ある観測」だけで、これがニュートリノ振動だと断言できる「確実な証拠」がなくてはいけません。そのような証拠を手に入れ、消えた太陽ニュートリノの謎と大気ニュートリノ異常の問題を解くには、カミオカンデよりも、もっと大きな検出器を必要としたのです。

太陽ニュートリノの謎解き

ニュートリノが空間を走行しているときに起こるニュートリノ振動（真空振動）の波長は$\lambda=4\pi E/\Delta m^2$（第5章のニュートリノ振動の式を参照）であり、エネルギーが大きいと長くなり、質量差が大きい場合には、短くなります。混合角は振動を引き起こす割合に関連しています。たとえば、Δm^2が10^{-11}～$10^{-10}\,\mathrm{eV}^2$程度のとき、典型的な数メガ電子ボルトの太陽ニュートリノ（ν_e）対して、振動波長は太陽・地球間の距離程度になります。したがって、それより大きなΔm^2の場合には、波長は短くなり、太陽ニュートリノは地球に到達するまでに何回も振動し、地球ではその平均の量を観測することになります。ただし、太陽ニュートリノの振動を考えるときは、ニュートリノが物質中（太陽中）を通過するときに受ける物質密度に依存する効果（物質効果）を、さらに考える必要があります。物質効果とは何かを、簡単に説明しましょう。ニュートリノが物質中を飛行するときには、物質から連続的な力のポテンシャルを得てその質量が変化します。たとえてみれば、われわれが普通に歩く場合とちがって、腰までつかって水の中を進もうとすると、自分自身を重く感じるでしょう。水の抵抗力を受けて、あたかも自分の体重（質量）が増えたような感じがすると思います。物質中の電子からニュートリノが受ける力には、電子ニュートリノとミュー（タウ）ニュートリノに共通の中性カレント（Z_0が媒介する力）と、電子ニュートリノにしか利かない荷電カレント（$W^{\pm}$が媒介する力）があります。

共通な力は、電子ニュートリノとミュー（タウ）ニュートリノの質量の差には影響しませんが、荷電カレントによる力は、電子ニュートリノにしか影響しませんので、質量の差に影響します。したがって、物質中では、質量差は真空中とはちがった値になり、振動に影響を与えます。また、混合角も同様に物質の影響を受けて、真空中と物質中では、ちがった値になります。たとえば、真空中では小さな混合角であっても、物質中では大きな混合角になることもあります。

特に、太陽中を通ってくるときには、太陽中心付近の高い密度状態の中で生まれたニュートリノが、中心から外に向けて飛行しているあいだ、密度は徐々に減少していきます。すなわち、ニュートリノが受ける力のポテンシャルに変化があるので、質量差が飛行中に変わっていきます。また、混合角も飛行中に変化していきます。これにより、振動の効果がより高められたり、あるいは、逆に抑制されたりします。そして、飛行中に物質中の混合角が最大（45度）になるところを通過する場合には、共鳴的な変化を起こし、小さな真空中の混合角でも電子ニュートリノがミュー（タウ）ニュートリノに100パーセント遷移してしまうこともあります。どういう条件のときにどのようになるというのは、長い説明が必要ですので、ここでは省略させてもらい、さまざまな効果として見えるのだと、天下り的に思ってください。太陽ニュートリノ振動を解析するには、物質効果をていねいに評価してやらなくてはなりません。

消えた太陽ニュートリノの謎が、ニュートリノ振動が原因で起こっていると、振動をつかさどるニュートリノの真空中の質量差（実際は質量の自乗の差）と混合角（θ）の値、ニュートリノのエネルギー（E）によって、物質効果の利き方がちがい振動の見え方がちがうのです。たとえば、観測される太陽ニュートリノのエネルギースペクトル分布の形が変化したりします。逆に、これらの特徴的な見え方から、ニュートリノ振動の質量差、混合角が求められるこ

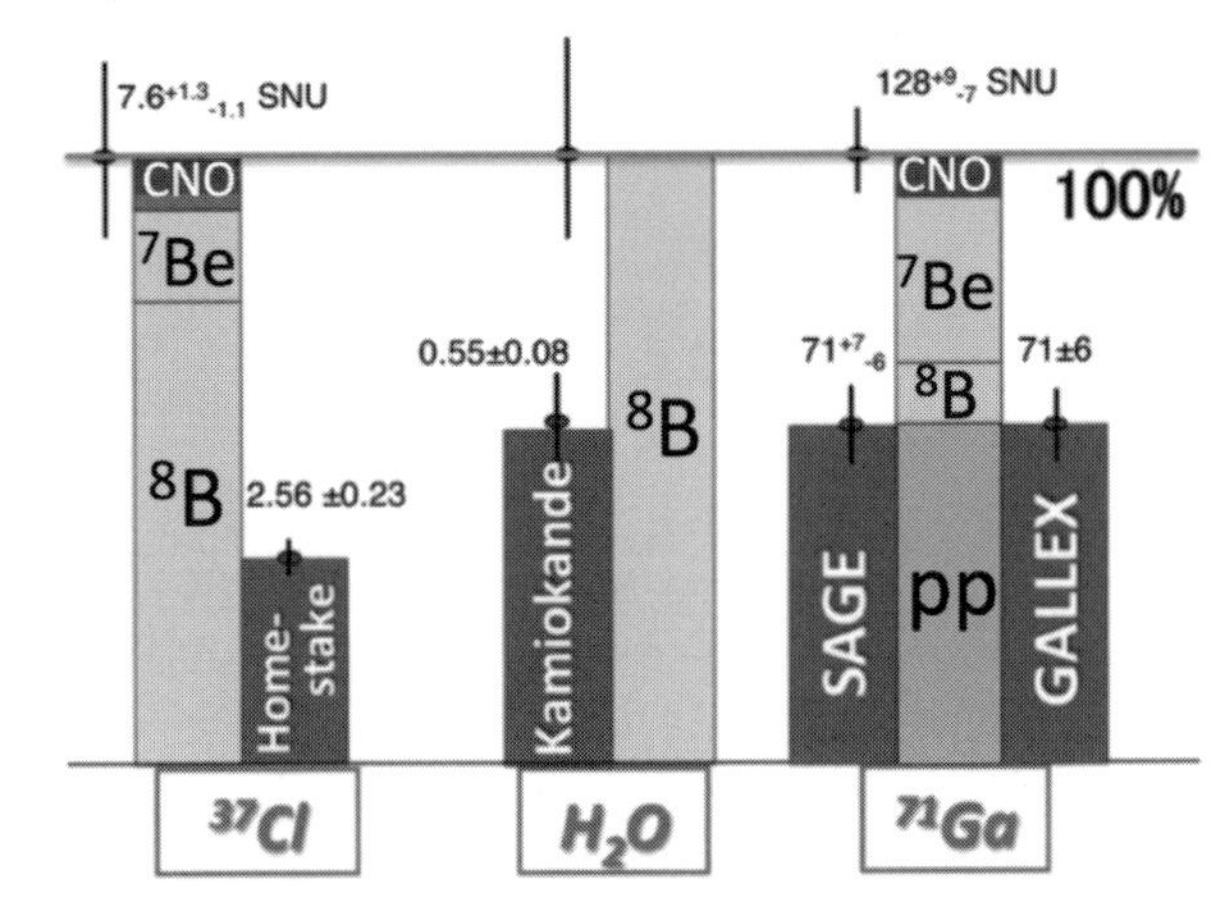

図6･1　スーパーカミオカンデが完成する前に行われていた太陽ニュートリノ観測実験の結果。濃灰色は観測量。観測量の棒グラフの高さは、太陽標準モデルの計算から求めたものに対する割合を示す。隣の縦棒は、ニュートリノの予想観測量を、太陽ニュートリノのそれぞれの生成過程（たとえば、ppは、$p + p \rightarrow d + e^+ + \nu_e$反応からのニュートリノ）に対して示したもの。太陽ニュートリノ欠損は、一様ではなく、単純な真空振動では解釈できない。

となるのです。

スーパーカミオカンデが完成する以前の、太陽ニュートリノ観測実験、すなわち、塩素実験（$\nu_e + {}^{37}Cl \rightarrow e^- + {}^{37}Ar$反応を用い、817キロ電子ボルト以上の太陽ニュートリノ反応数を数えます）、ガリウム実験（$\nu_e + {}^{71}Ga \rightarrow e^- + {}^{71}Ge$で、235キロ電子ボルト以上の太陽ニュートリノ反応数を数えます）、カミオカンデ実験（$\nu + e^- \rightarrow \nu + e^-$反応を用い、7メガ電子ボルト以上の太陽ニュートリノ反応数と反跳電子のエネルギーを観測します）の結果を、標準太陽モデルによる太陽ニュートリノのエネルギー分布の強度計算が正しいとして、すべて矛盾なく説明しようとすると、四つの可能なニュートリノ振動の解（Δm^2とθの組み合せ）がありました（図6・1、6・2を参照）。

（1）大混合角度解は、基本的には真空振動であり、振動の割合は混合角だけで決まりますが、エネルギーが数メガ電子ボルト以上の高いところで、物質効果が効いてきてν_eフラックスは減少します。スーパーカミオカンデが観測する5メガ電子ボルト以上のエネルギー範囲では、すでに物質効果による抑制が一様に起こっている領域に入ってしまっており、スペクトルのゆがみはほとんど見えません。さらに、この解では、ニュートリノが地球を通過するときの物質効果が見られ、夜のν_eの観測数と、太陽ニュートリノが地球を通過しない昼のν_eの観測数が1～2パーセント異なります。

（2）小混合角度解は、混合角が小さいので真空振動は見えません。しかし、太陽の中での物質の効果による共鳴的な遷移が起こり、小さい混合角にもかかわらず大きな振動効果が得られます。エネルギーが数メガ電子ボルト程度のところで共鳴条件を満たすため、ほぼ完全な遷移（$\nu_e \rightarrow \nu_\mu$）が起こります。エネルギーが高くなると、共鳴条件から外れていくため徐々に物質振動の効果はなくなっていき、ν_eがν_μに遷移する割合が減りν_eの数がもどっていきます。したがって、スーパーカミオカンデで観測可能なエネルギー領域をみると、エネルギーの小さなところで観測されるニュートリノの数が大幅に減り、エネルギー分布に大きなゆがみが生じることになります。この解は、小さな混合から大きな遷移を起こすという理論の美しさから理論研究者たちが最も好んだ解でした。

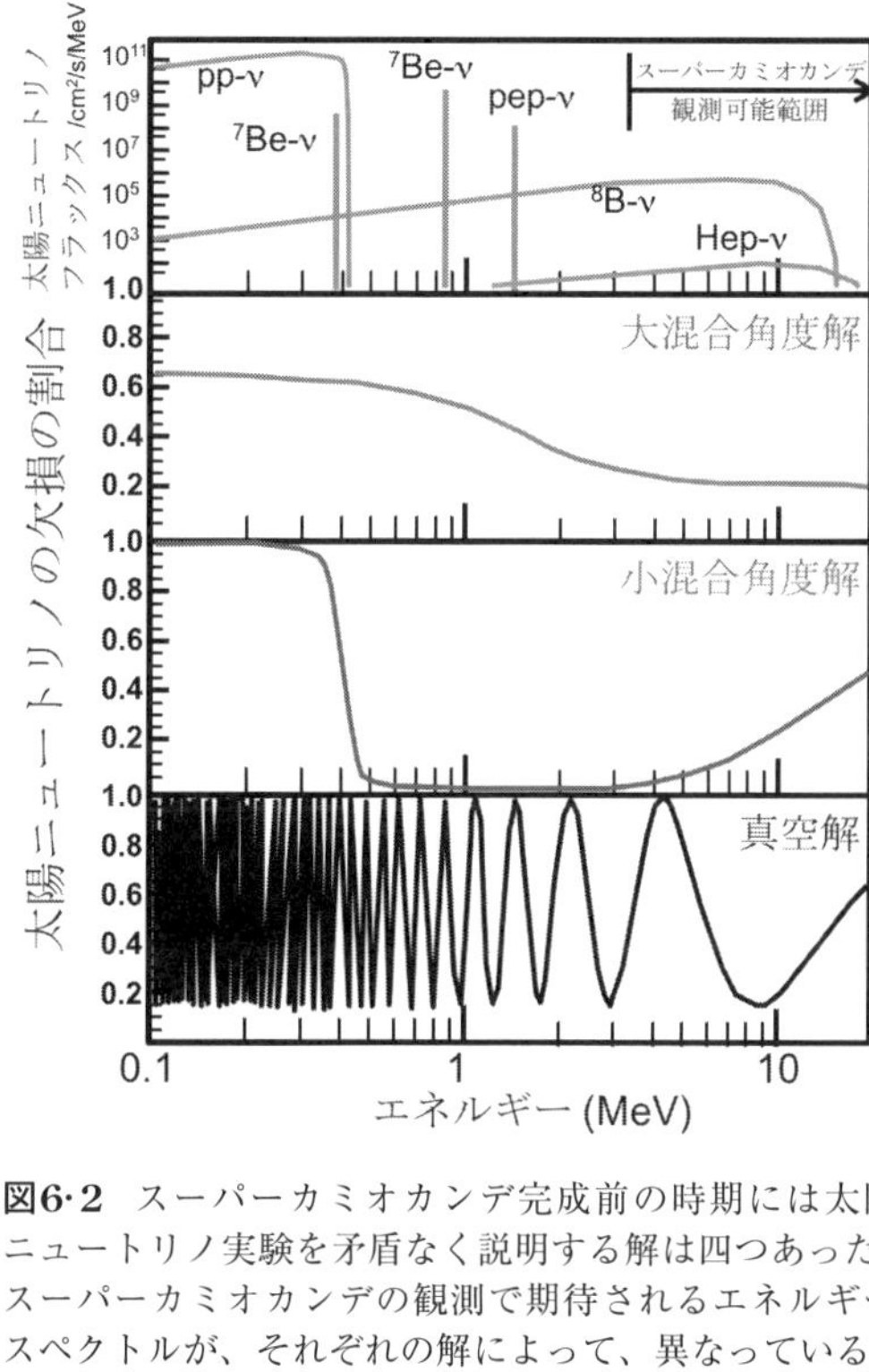

図6·2　スーパーカミオカンデ完成前の時期には太陽ニュートリノ実験を矛盾なく説明する解は四つあった。スーパーカミオカンデの観測で期待されるエネルギースペクトルが、それぞれの解によって、異なっている。

（3）通常の真空振動解は、太陽・地球間の距離が振動の波長よりも長いため、どの検出器でも平均化した振動の効果（太陽ニュートリノ欠損が同じ）が見られるはずであり、それぞれの観測実験ごとに欠損が違う観測量を説明できません。しかし、数メガ電子ボルト程度のニュートリノの振動の波長と太陽・地球間の距離がほぼ同程度（Δm^2が10^{-11}～10^{-10} eV^{2}程度）であるというきわめて偶然性の高い状況を考えると、1〜2メガ電子ボルト程度では、平均化された真空振動になり、数メガ電子ボルトあたりでは、ちょうど振動波長程度なのでΔm^2を微妙に変えることにより、ニュートリノの欠損を調整することが可能となり、すべての観測実験の観測量をうまく説明することができるようになります。この解は、その偶然性ゆえ「Just So解」とよばれていました。さらに、地球が楕円軌道を描くことにより地球太陽間の距離が一定ではないので、この解では、季節によりスペクトルが変動して観測されるという、季節変化も期待されました。

（4）LOWとよばれる4番目の解は、真の解である確率が当時も低かったので、ここでは説明を省略します。

以上の説明は、やや専門的にすぎたきらいもありますが、太陽ニュートリノ振動の雰囲気を感じてもらうため、あえて、専門的な言葉を、詳しく説明せずに使いました。簡単にまとめると、太陽ニュートリノ振動を証明し、その解を特定するには、スペクトルのゆがみや、季節変動、日夜変動などの時間変動を見つけることが大切であるという認識があったのです。

ゆがみや変化の測定を精度よく行うためには、観測するニュートリノの数をできるだけ多くしなくてはなりません。測定器のサイズを大きくするだけでなく、観測可能な最低エネルギー（しきい値といいます）を下げることができれば、観測できるニュートリノの数が増え、さらに測定できるエネルギー範囲が広がることになります。

スーパーカミオカンデでは、ニュートリノと電子の弾性散乱により太陽ニュートリノを捕まえています。このニュートリノと電子の弾性散乱は、ν_eだけでなくν_μとν_τも捕まえることができます。ただし、ν_eとの反応の割合を１００パーセントとしたとき、ν_μとν_τとの反応の割合は15パーセントほどです。このため、精度の高いν_eだけの測定があれば、スーパーカミオカンデわち、解は特定できなくても、ニュートリノ振動の有無の判定になります。

ニュートリノの中に ν_e成分以外のニュートリノが含まれているかわかることになります。すな

の測定（ν_eだけでなくν_μ、ν_τの反応を含む）と比較することにより、地球で観測する太陽

大気ニュートリノの謎解き

大気ニュートリノ（主にν_μとν_e）は、地球に飛び込んでくる一次宇宙線（95パーセントが陽子、5パーセントがヘリウム）が大気で反応を起こし、パイ中間子（π）やケイ中間子（K）とよばれる素粒子をつくります。それらが、さらに衝突をして、つくられる素粒子の数は増殖していくのですが、生成されたパイ中間子とケイ中間子が最終的に崩壊するときにニュートリノが発生します。したがって、大気ニュートリノの流量（生成したニュートリノが地球表面に飛来したとき、単位時間に単位面積を通過するニュートリノの数）を推定するためには、一次宇宙線のエネルギー分布とその強度、陽子（ヘリウム）と大気をつくる窒素や酸素原子との反応の断面積、π/Kの生成率などがよくわかっている必要があります。一次宇宙線は、主に太陽活動の11年周期の変動（モジュレーション）や、地球磁場の影響を受けます。特に、低エネルギー一次宇宙線には大きな影響があります。モジュレーションの効果は、10ギガ電子ボルト近傍の陽子に対して10パーセント程度です。しかし1ギガ電子ボルトまで下がると5倍程度の変動があります。ただし、つくられるニュートリノのエネルギーは、親となる一次宇宙線のエネルギーのほぼ10分の1です。地球磁場は、宇宙線を遮蔽する効果があり、低緯度ほどその影響が強く、低エネルギーの一次宇宙線が入ってこられなくなります。したがって、大気ニュートリノは、測定器の設置されている場所、日時、方向に依存しています。１９９０年代の初めの頃は、大気ニュートリノの流量の予想値には約30パーセント程度の不確実性がありました。

しかし、いまは、一次宇宙線の強度の理解、測定精度が格段によくなり、10ギガ電子ボルト程度以下のエネルギー領域では約10パーセントほどになっています。

ミューニュートリノと電子ニュートリノの観測数の比をとると、不確実性は、5ギガ電子ボルト近辺で3パーセント程度にはなります。しかし、この比だけでは、ニュートリノ振動がないときに予想される値からずれているとしても、ニュートリノが減っているのか、増えているのかわからず、ニュートリノ振動の確実な証拠にはなりません。

では、ニュートリノ振動の確実な証拠はどのようなものなのでしょうか。大気ニュートリノを生成する一次宇宙線は、一様に地球に降り注いでいます。したがって、上空から来るニュートリノの数と地球の裏側から来るニュートリノの数は、ニュートリノに何の変化も起こっていなければ同じです。ニュートリノ振動がない場合の天頂角分布を図6・3に示します。左が電子ニュートリノの分布で右がミューニュートリノです。それぞれ、0・3ギガ電子ボルトから5ギガ電子ボルトまでの三つのエネルギー領域についての予想値を示しています。低エネルギーでは、上方、下方の対称から若干ずれていますが、これは、一次宇宙線の地球磁場の影響です。また、ミューニュートリノと電子ニュートリノの比は低エネルギーでは2ですが、エネルギーが高くなると2よりも大きくなります。一次宇宙線によりつくられるπやKは、ミュー粒子とν_μに崩壊します。ミュー粒子はさらに崩壊してν_μとν_eを生成します。最初につくられたミュー粒子のエネルギーが低いと、ミュー粒子は、地表に到達する前にすべて崩壊し、つくられるニュートリノの数はν_μとν_eの比が、2対1になるのです。エネルギーが高くなると、ミュー粒子が崩壊する前に地表に到達してしまい、電子ニュートリノ生成の割合が減り、エネルギーの高いところでは、ν_μとν_eの比は、2よりも大きくなっていきます。

天頂角分布あるいは上下比は、ニュートリノの生成過程や、ニュートリノの反応の不定性は、ニュートリノが飛んで来る方向にはあまり依存しないので、2～3パーセント程度の精度でわかります。そして、上下対称の天頂角分布は、実際は、ニュートリノが生成される大気上部から測定器までの距離を表していることになり、ニュートリノ振動の距離依存性を見ていることにもなります。したがって、天頂角分布が対称からずれると、ニュートリノ振動の直接の証拠となります。大気ミューニュートリノ振動の Smoking Gun Evidence は天頂角分布です。

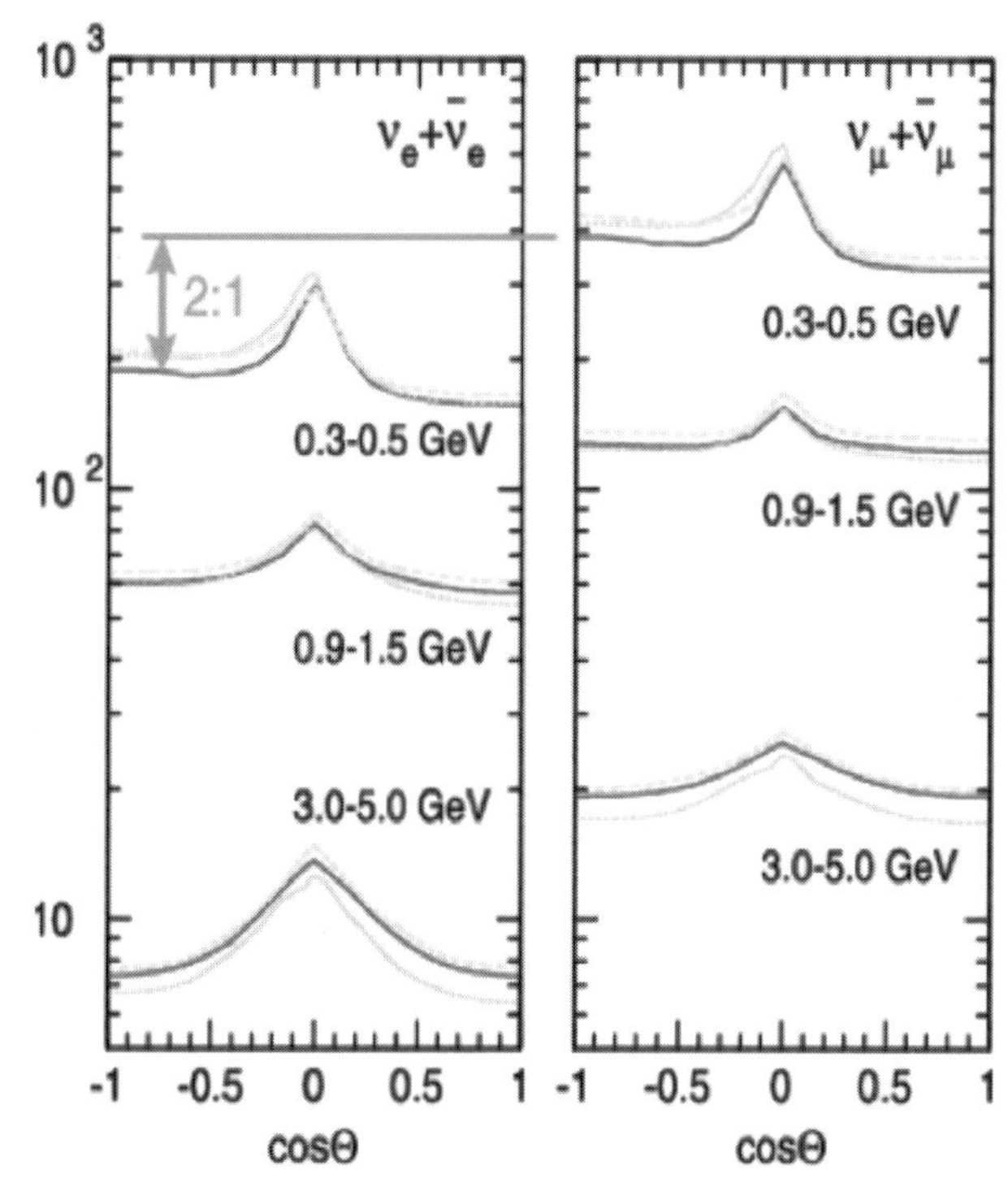

図6·3 大気ニュートリノの天頂角分布は、ニュートリノ振動がなければ、低エネルギー領域での若干の地磁気の影響を除き対称である。cos $\theta = 1$ は、上空真上から飛来するニュートリノ、-1 は、地球の反対側から飛来するニュートリノ、0は、水平に飛来するニュートリノに対応する。その精度は2～3パーセントであり、それぞれのエネルギー領域での3種類の予想線は、それぞれ、ちがう大気ニュートリノ計算プログラムの結果を示す。天頂角分布は計算によって求めるが、上下対称性はくわしい計算には依存せず定性的に理解でき、その対称性が破れていることは、ニュートリノ振動の証拠になる。

2　スーパーカミオカンデでニュートリノ振動の検出を目指す（測定器の話）

われわれのやることは、高い精度で、大気ニュートリノの飛来方向の天頂角分布を測り、太陽ニュートリノのエネルギースペクトルや時間変動を測ることです。そこに、ニュートリノ振動の姿が見えるはずです。

謎解きには観測できるニュートリノ反応の数を増やすことが大切ですが、観測の質を上げることも大切です。観測可能エネルギーをできるだけ広くとること、特に、観測可能最低エネルギーを下げること、そして、エネルギーの測定精度（分解能）を上げることが重要になります。

スーパーカミオカンデは直径39・3メートル、高さ41・4メートルの水槽に総重量5万トンの水をたくわえています（図6・4、6・5）。円筒の缶と思ってよいでしょう。スーパーカミオカンデは二重構造になっていて、外壁からおよそ2メートル内側に内水槽とよばれるもう一つの缶があります。この内水槽の内壁に直径50センチメートルの光電子増倍管が約1万1000本配置されています。内水槽の総重量は3万2000トンです。外水槽は、外から飛び込んでくる粒子の遮蔽であるとともに、約1900本の直径20センチメートルの光電子増倍管がとりつけられており、それらのノイズ粒子を同定するものです。

スーパーカミオカンデでは、光電子増倍管の数密度をカミオカンデの2倍にしています。直径50センチメートルの世界最大の光電子増倍管が70センチメートル間隔で配置されており、内水槽の中から見ると、さながら、ガラスのオブジェの中にいるように感じます。光電子増倍管で囲まれた内面壁で、光を検出できる面積は40パーセントにも達します。これにより、検出できる光の量が増え、エネルギー測定の分解能が高くなりました。さらに、バックグラウンドを少なくすることにより、最低検出可能エネルギー（エネルギーしきい値という）も下げることが可能になりました。これは、エネルギー範囲の広い領域で、スペクトルのゆがみを観測するために重要なことです。また、カミオカンデの7メガ電子ボルトのしきい値と、初期のスーパーカミオカンデの5メガ電子ボルトのしきい値による、性質の違いを比べると、観測可能エネルギーの範囲が増えたことによる、太陽ニュートリノの観測事象数の増加はほぼ3倍です。

また、実験に使える有効質量は、カミオカンデの680トンに対して、2万2000トンと30倍になります。したがって、すべての効果を入れると、太陽ニュートリノの観測事象数の増加は約100倍になりました。大気ニュートリノの観測数は、単に、有効質量の増加分に対応して、22・5倍になります。

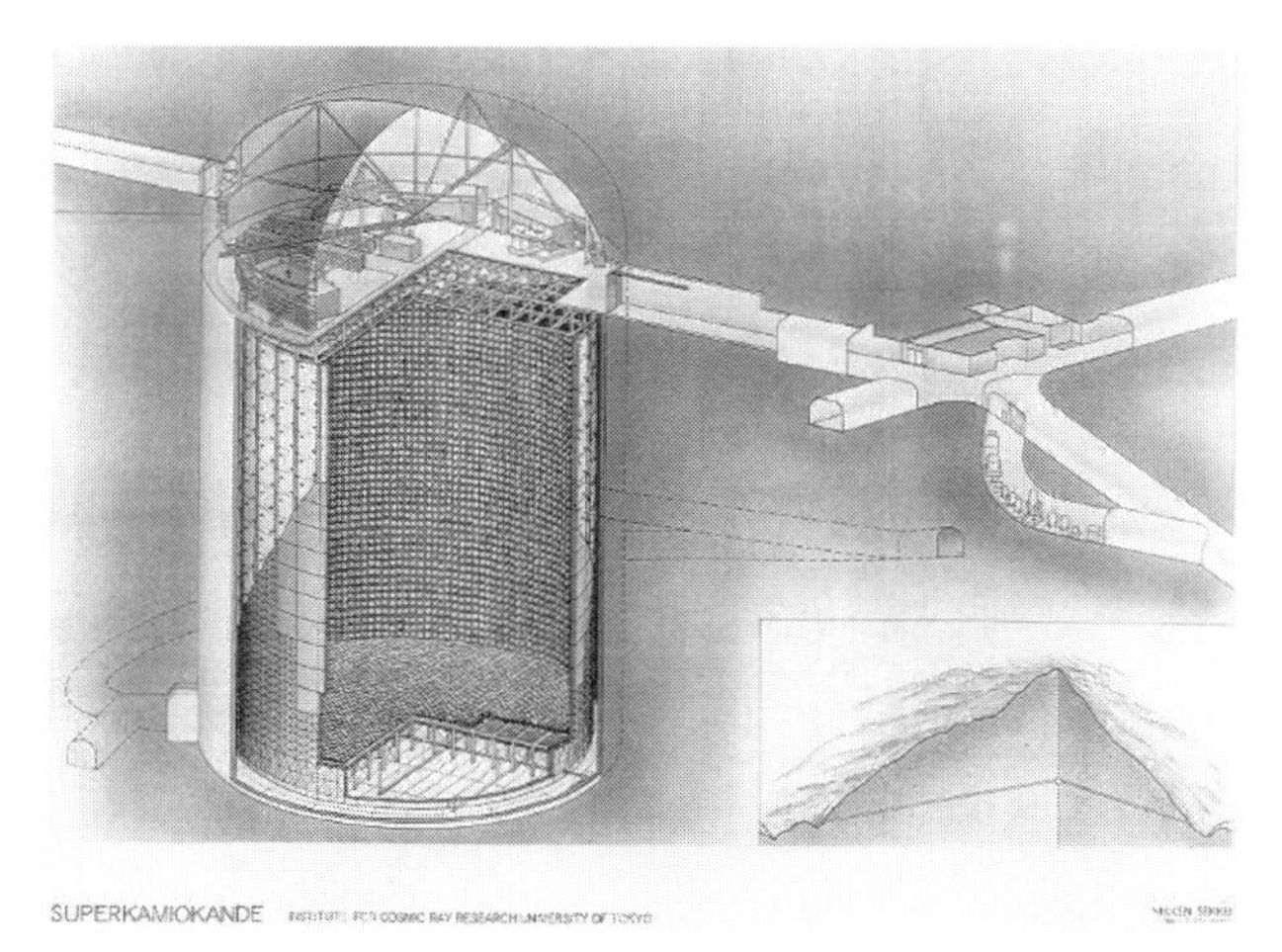

図6･4　スーパーカミオカンデ測定器

図6･5　スーパーカミオカンデの内部の写真

測定可能な光量が増えると角度の分解能もよくなります。太陽ニュートリノは、太陽から来ているという方向分布が大切です。分解能がよくなると、特に低いエネルギーで、バックグラウンドの混入を実質小さくすることができます。

水はスーパーカミオカンデの生命です。標的であるとともに、光を通す媒質です。光をよく通すことができれば、観測の精度は上がります。光が水中を走るとき吸収と散乱を受けます。吸収は光量を減ずる効果がありますが、水中のちりなどを取り除くことにより、比較的容易に数百メートルの透過率となり実験に支障がなくなります。散乱は、不純物に大きく左右されます。スーパーカミオカンデでは、純水製造装置を製作し、最初に注水するときに綺麗な水を入れるだけでなく、常に毎時40トンから70トンくらいの割合で、水を循環させて不純物を取り除いています。逆浸透膜、イオン交換樹脂、脱気装置などが用いられています。

水には、しかし、観測にじゃまになる放射性不純物が含まれています。特に要注意はラドンです。ラドンは、ラジウムの自然崩壊で生成されます。水の中、あるいは、測定器部材のラジウムを起源とするばかりでなく、気体なので、測定器の外からも侵入してきます。配管のガスケットに通常の材質のものを使うと、どんなにきっちりしめてもラドンはその物質をすり抜けて入ってきます。ラドン自身は約3日の寿命なので、ラドンが、いつまで待ってもなくならないということは、水の中のラドンは、発生源からどんどんわき出してきているのです。水にあるラドンを除去するのでは充分ではなく、発生源を断ち切らないといけません。これまでの努力により２０１６年現在では、水中のラドンが1立方メートルあたり1ミリベクレル以下になっています。ラドンのバックグラウンドの影響は、低エネルギーで多くなるので、実際、実験のしきい値を決めているのは、ラドンからのバックグラウンドです。低いエネルギーの測定には、さらにラドンを減らす努力が必要となります。

3　スーパーカミオカンデの建設と国際協力

スーパーカミオカンデの建設予算がついたのは、１９９１年度ですが、その前年度に、調査費がつきました。それにより、調査委員会が立ち上がりました。要は、これまで、実験グループが検討していたことを、第三者を入れた委員会で、きっちり再検討しなさいということです。調査委委員会の第一部会は、空洞の掘削と水槽、そして測定器に関する調査。場所はどこにつくるのがよいのか、大きな空洞は安全に掘れるのかなどが議論されました。第二部会は、研究に関する調査、太陽ニュートリノ、大気ニュートリノのニュートリノ研究、そして陽子崩壊に最適な測定器はどのようなものか、少し遅れてスタートした第三部会は、スーパーカミオカンデに関連した地下実験の調査です。ここでは、二重ベータ崩壊実験の可能性やダークマターの探索などが検討されました。

さて、空洞掘削は、１９９１年の12月から始まり、１９９４年の6月まで3年半の歳月が、かかりました。完成した空洞の底部で、記念式典を行いコンサートを行いました。水槽建設にその後1年ほどかかり、１９９５年の6月から光電子増倍管の取り付けなど、研究者が中心となる作業が始まりました。１９９６年1月には、注水が始まり、そして、予定通り１９９６年4月1日に、実験がスタートすることになります。

スーパーカミオカンデは、主にアメリカの研究機関との国際共同研究ですが、最初から一緒にやっていたわけではありません。アメリカにはカミオカンデと同じ時期に、より大型の水チェレンコフ測定装置（ＩＭＢグループ）が稼働していましたが、水漏れ等で中止をよぎなくされていました。その研究者たちが、スーパーカミオカンデに参加したいと打診をしてきたのが１９９２年です。高山市で開かれた神岡主催の国際会議のときにアメリカグループが来日して、共同研究がスタートすることになります。スーパーカミオカンデの建設予算を切り詰めるため、当初考えられていた外水槽の光電子増倍管は、最初の予算要求から除かれていました。この外水槽をアメリカグループが担当することになりました。このとき、参加したアメリカグループは、日本グループとほぼ同じ人数でした。経費の貢献は10分の1ほどです。通常、経費の分担と参加者人数を関連させる実験グループが多いのですが、このとき、大人数の受け入れを皆が納得したのは、当時の実験代表者だった戸塚洋二の「人も、貢献である」といった一言でした。結果、国際共同実験としてスーパーカミオカンデは大成功を治めることになります。日本人だけの研究グループでは、決して得られなかったものも多くあります。

4　ついにとらえたニュートリノ質量

１９９６年4月1日からデータの収集が始まりました。ニュートリノ振動の直接証拠であるsmoking gun evidence（第2節を参照）を求め、共同研究者たちは、意気盛んでした。大気ニュートリノ振動は、スーパーカミオカンデの大質量のおかげで、2年あまりで発見宣言に至ることができました。しかし、太陽ニュートリノ振動の発見にはかなりの時間がかかりました。smoking gun evidenceがなかなか見つからなかったからです。

大気ニュートリノ振動の発見

大気ニュートリノが、スーパーカミオカンデの検出器内部の有効質量2万２５００トンで反応する数は1日ほぼ8事象です。これらの大気ニュートリノ事象は、有効体積内部で反応して、すべての発生粒子が内水槽内部でとどまっているもの（ＦＣ（fully Contained）事象）と、一部の発生粒子が内水槽から外に飛び出したもの（ＰＣ（Partially Contained）事象）とに分けられます。これらを一緒にして、FC／PC事象とよんでおきます。また、スーパーカミオカンデでは、地球の裏側でつくられ地球を通り抜けた大気ν_μが、測定器直下の岩盤で反応し、発生したミュー粒子が、上向きに測定器をつき抜ける事象もとらえられます。これも大気ニュートリノが引き起こしたものであり、大気ニュートリノ振動の研究に使えます。この上向きミュー粒子（up-μとよびます）の観測数は1日約1事象であり、ニュートリノ振動の効果を見るためには、測定器内部で反応する大気ニュートリノ（FC／PC事象）を用いるよりも、長い時間を要します。

1998年6月にそれまでに収集した535日分のデータにより、「ν_μらしいFC事象」と「PC事象」の天頂角分布に明確な非対称性が確認され発表に至りました（図6・6）。ただし、電子ニュートリノの分布には、非対称性は見えませんでした。これらの結果は、大気ニュートリノ流量の計算にはよらない明確なニュートリノ振動の証拠で、大気ミューニュートリノの一部が、観測がむずかしいタウニュートリノに変化したことを示唆しています。振動なしと比較して99・999……パーセントと9が10個並ぶほどの有意性をもちます。天頂角はニュートリノの飛来方向、すなわち飛行距離に対応するので、このデータから、観測事象数の距離に対する変化がニュートリノ振動からの予想と一致し、さらに、$\Delta m^2 \sim 2\times10^{-3}\mathrm{eV}^2$であることがわかりました。振動の波長は1ギガ電子ボルトのニュートリノに対してほぼ1000キロメートルであり、下から測定器に飛び込む1ギガ電子ボルトのニュートリノは、10回程度振動をしてから測定器到達します。したがって、振動は平均化されており、下から入ってくるミューニュートリノの数がほぼ半分であるという観測結果から、ほぼ最大の混合をしていることがわかりました。

図6・6に示したデータに見られる上下の非対称性自体は、その1年前から、すでに信頼度

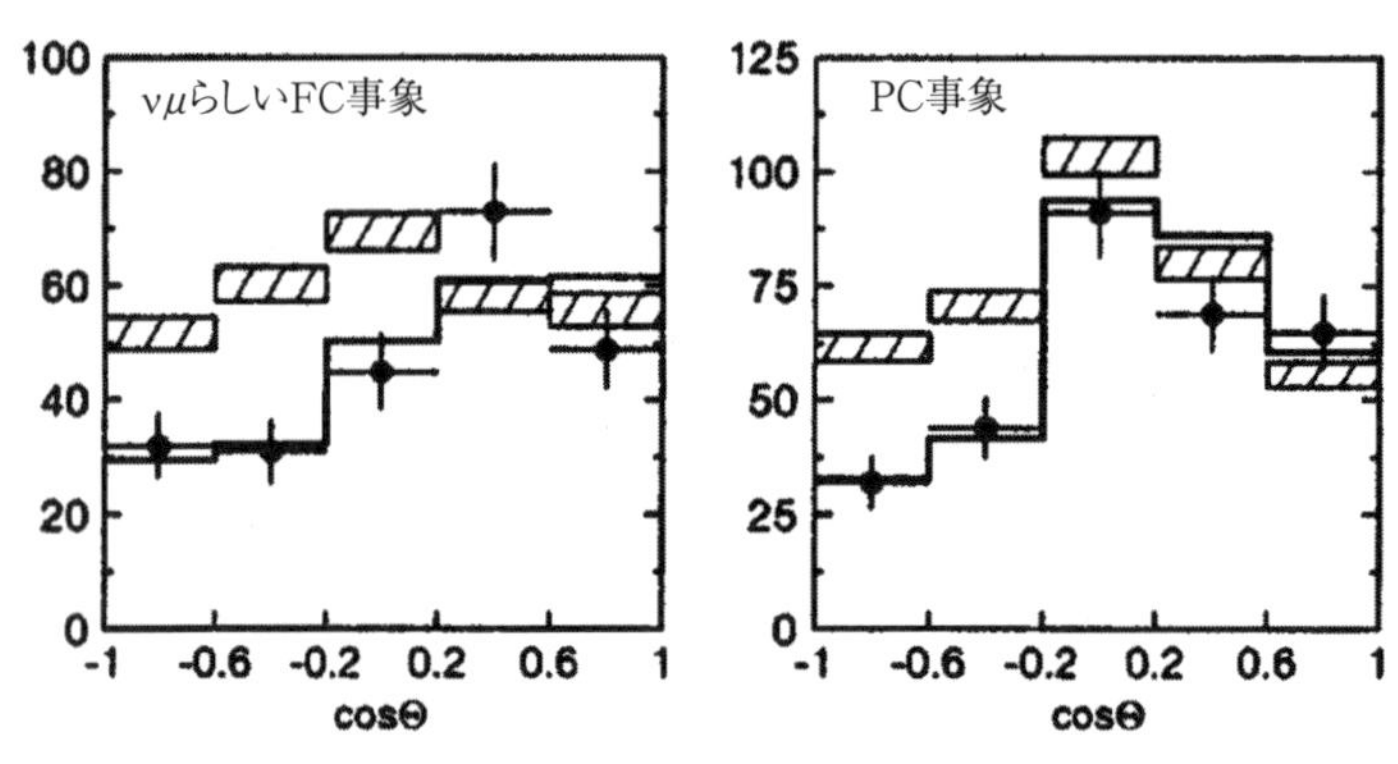

図6·6　535日のデータによる数ギガ電子ボルトのエネルギーをもつ事象。左の図は、FC ミューデータの天頂角分布、右はPC データの天頂角分布。黒い点がスーパーカミオカンデの観測データ、ハッチ入り四角は、ニュートリノ振動がない場合の予想値。黒線は、ニュートリノ振動がある場合の予想値。どちらも、ニュートリノ振動の効果がきれいに見えている。

はとても高いものでした。実際、外部の人たちからどうして公式発表をしないのだといわれていました。実験グループ内での議論として、1998年の4月の共同研究者会議で、ようやく、上向きミュー粒子（up-μ）を用いた振動解析の結果が、測定器内部のデータ（FC／PC事象）と同じ結果を出したところでした。これで、すべてのデータが一致してニュートリノ振動を示していることになり、発表に至ったのです（図6・7）。

　このように、大気ニュートリノ振動では、ミューニュートリノがタウニュートリノに振動しているということがわかりました。しかし、大気ニュートリノ観測ではミューニュートリノが消滅しているように見えているので、タウニュートリノに振動しているという直接の証拠を得るのは簡単ではありませんでした。直接の証明には、実際にタウニュートリノが振動により生じているということを示す必要があります。タウニュートリノは反応してタウ粒子をつくりますが、タウ粒子の質量が重いため、タウニュートリノのエネルギーが十分に高いとき（通常の大気ニュートリノのもつ平均エネルギーの数倍）だけつくられます。したがってほとんどのタウニュートリノは反応しません。また、まれにつくられたタウ粒子を他の粒子と区別して同定するのも実は容易ではないのです。しかし、大気ニュートリノ事象の数がたくさん観測されるようになると、1事象ごとで、タウ粒子であるということはできませんが、タウ粒子の特徴を利用して、統計的にタウ粒子の

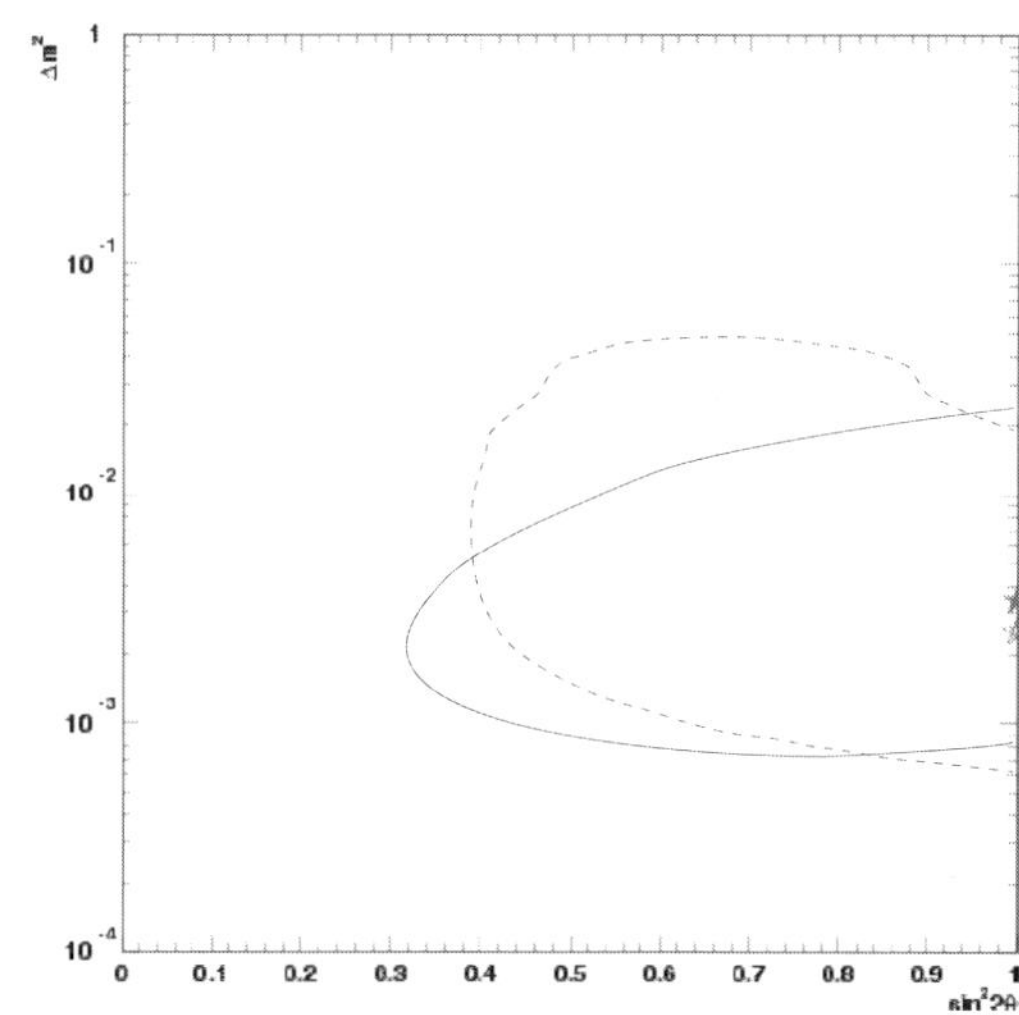

図6·7 1998年４月にスーパーカミオカンデで確認された、up-μ事象による許される振動パラメータ領域（破線）。FC/PCによる解析結果（実線）とよい一致を示していた。縦軸は、質量差、横軸は、混合角（$\sin^2 2\theta$）。

生成を同定することができます。そのような方法により スーパーカミオカンデが、大気ニュートリノ振動においてタウニュートリノが生成していることを確認しました。

また、ヨーロッパのOPERA実験が、数事象ではありますが、直接タウニュートリノの生成を見つけて、$\nu_\mu \rightarrow \nu_\tau$振動の裏付けをしています。OPERA実験は、スイスのCERNにある加速器で人工的につくられたν^μを、732キロメートル飛ばし、イタリアのグラウンサッソ研究所の地下に設置されたニュートリノ検出器で測定する実験です。

太陽ニュートリノ振動の発見

太陽ニュートリノ振動の証拠はなかなか見つかりませんでした。世の中には、太陽ニュートリノ振動の解は、小混合角度解であるという偏見がありました。小混合角度解は、理論的に美しかったからです。混合角が小さくても、物質の共鳴効果により、大きな遷移を起こすことができます。われわれも小混合角度解から予想されるスペクトルのゆがみを一生懸命探しました。しかし、なかなか見つかりません。どう見ても、スペクトルは太陽モデルで予想されるボロン8のベータ崩壊からのニュートリノのスペクトルと一致しています。季節変動は、地球公転の楕円軌道から予想される7パーセントの年間変化とぴったり一致しています。昼と夜の観測数の差は有意さは80パーセント程度で、あまり強くはいえませんでした。

２００１年６月18日、スーパーカミオカンデからの二つの論文が発表されました。最初の論文は１２５６日分のデータを使った、ニュートリノと電子の散乱過程を通じた太陽ニュートリノ流量の精密測定の結果です。測定結果は、ニュートリノのモデルから計算される流量のほぼ45パーセントでした。太陽ニュートリノは、電子ニュートリノであり、振動がある場合、電子ニュートリノの一部が、地球に到達するまでのあいだに、タウニュートリノかミューニュートリノに変化していると考えられます。ニュートリノと電子の散乱は、電子ニュートリノが引き起こすほかに、振動後のタウニュートリノとミューニュートリノも反応を起こしますが、その頻度は、電子ニュートリノのほぼ15パーセントしか起こらないことがこれまでの研究からわかっています。

第2論文は、太陽標準モデルによる太陽ニュートリノ流量の予想値を仮定したときにスーパーカミオカンデの測定結果から、どれだけのことをいえるかを論じました。答は明白で、スペクトルのゆがみは見えない、ニュートリノ観測数は45パーセント、そして、昼夜の効果が、有意性は小さいものの1〜2パーセント程度。これにより、太陽ニュートリノ振動の解として、大混合角度解が94パーセントの信頼度で選択されることを示しました。

ところが、「同じ日」、偶然にもカナダのＳＮＯ実験が、最初の測定結果を「発表」したのです。カナダの実験は、重水（D_2O）１０００トンを用いた実験で、電子ニュートリノだけをとらえられる荷電カレント反応（$\nu_e + D \rightarrow e^- + p + p$）と、すべての種類のニュートリノをとらえることができる中性カレント反応（$\nu_x + D \rightarrow \nu_x + p + n$）の両方を分離して観測できる装置です。中性カレントの測定では振動のあるなしにかかわらず、すべてのニュートリノが観測できます。したがって中性カレントの結果と荷電カレントの結果を比べれば、太陽ニュートリノ振動の有無がわかるのです。中性カレントの測定は実験としては、とてもむずかしい技術です。彼らは三つの方法を順次行いました。いずれも発生する中性子を、ちがった技術で測定するものです。しかし、２００１年時点では、中性カレントの結果を出すことができませんでした。発表した荷電カレントは、電子ニュートリノだけを測定することであり、観測されるものは、反応により生成される電子です。

さて、この段階で、太陽ニュートリノが振動している確実な証拠とは、何を示せばよいのでしょうか。最初に考えたエネルギースペクトルのゆがみ等の Smoking Gun Evidence は、肯定的に断定できるものが見つかってません。見えないということで、大混合角度解が示唆されますが、これは、もともとの太陽ニュートリノの流量を仮定した議論でした。太陽ニュートリノの流量を仮定しないで、実験結果だけで、ニュートリノ振動が起こっていることを証明できる工夫はないのでしょうか。

太陽ニュートリノ（電子ニュートリノ）は、振動の結果、地球上で観測すると、生き残った電子ニュートリノと振動先のミュー（タウ）ニュートリノとが混在しているはずです。したがって、地球で観測するニュートリノに電子ニュートリノ以外の成分があれば、それは確実なニュートリノ振動の証拠になります。

スーパーカミオカンデの電子散乱は、ほとんどがν_eの反応をとらえますが、ν_μ、ν_τ（$\nu_{\mu,\tau}$と書きます）に対しても15パーセントの感度があります。スーパーカミオカンデの電子散乱のデータとＳＮＯの荷電カレントデータを比較すれば、もし、地球で観測する太陽ニュートリノに電子ニュートリノ以外の成分（振動成分）があれば、スーパーカミオカンデとＳＮＯの観測結果に差が生じ、その差から、振動した$\nu_{\mu,\tau}$の存在がわかります。太陽ニュートリノ振動の明確な証拠となります。同時に、もともとの太陽ニュートリノフラックスも求めることができます。これが、２００１年のスーパーカミオカンデとＳＮＯが半分ずつ貢献した太陽ニュートリノ振動

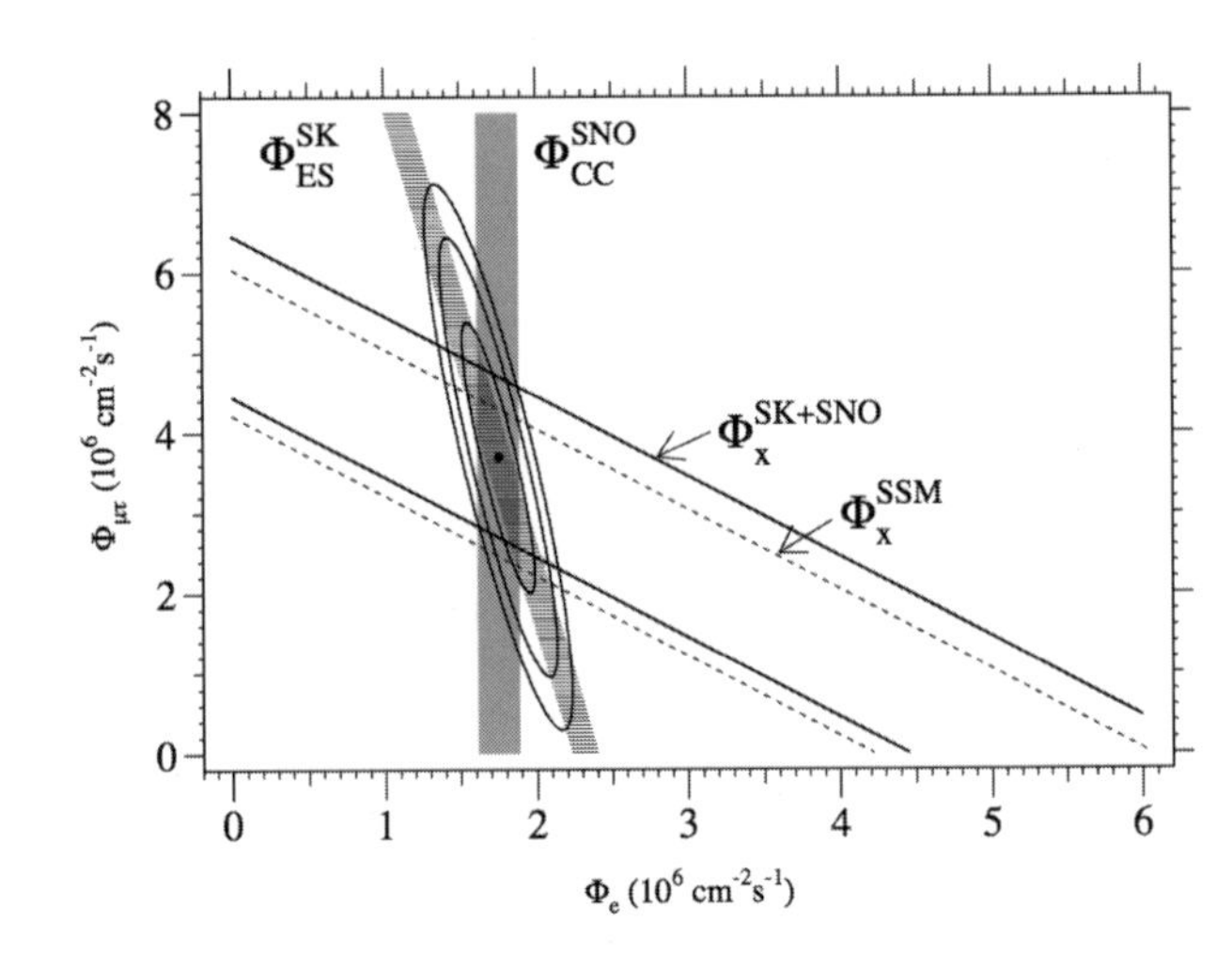

図6･8　スーパーカミオカンデ（SK）のニュートリノ電子散乱によるデータとSNOの荷電カレントによる電子ニュートリノの測定を合せた結果。地球で観測する太陽ニュートリノに電子ニュートリノ以外の成分があることを証明。（Q. R. Ahmad *et al.*：Phys. Rev. Lett. **87**, 071301より引用）

の発見です（図6・8）。太陽ニュートリノのフラックスも実験的に同時に決まったのでこれまでの太陽標準モデルがほぼ正しいことになりました。したがって振動の解は、スーパーカミオカンデの2001年の第2論文で示唆した「大混合角度解」に落ち着いていきます。

この発表には、おもしろい事実がからまっています。スーパーカミオカンデの論文が出版された日とSNOの記者発表の日が同じであること。事前には、いつ発表されるかわからないはずのわれわれの論文の日時のみならず出版ページ数まで、SNOの発表資料に引用されていたこと。どうしてSNOが同日出版されたスーパーカミオカンデの論文の日付やページ数までわかっていたのか、後日、SNOの責任者のマクドナルド氏に聞いてみると、「いや知らなかった」と、答にならない答が返ってきました。

この発表論文の要旨には、振動発見はスーパーカミオカンデとSNOの測定結果から求められたものであると明確に書いてあります。しかし、なかには、SNOの結果だけで、太陽ニュートリノ振動を証明したと思っている人もいました。人によっては、2001年の論文を引用してスーパーカミオカンデとSNOで発見といいながらも、スーパーカミオカンデの電子散乱データだけでは振動の証拠にはならないとして、スーパーカミオカンデの寄与を否定したりする人もいます。しかし、2001年の論文では、SN

0の荷電カレントの測定だけでも、ニュートリノ振動の証拠にはなっていません。だからこそ、二つの実験が最初の証拠としては必要でした。どちらも単独では証明できなかったのです。スーパーカミオカンデの共同研究者の中でも、太陽ニュートリノ振動の発見はSNOだけの成果であると思っている人がときどきいるのは残念です。情報をわれわれが正しく伝えられていないのは、われわれの力不足、努力不足でしょうが、スーパーカミオカンデが大気ニュートリノだけでなく、太陽ニュートリノの発見にも大きな貢献をしているということを、皆さんに納得してもらえれば、非常にありがたいことです。スーパーカミオカンデのもう一つの大きな成果が消えてなくならないことを望みます。SNOは、その翌年の2002年に、自前の中性カレント事象の測定で、2001年の太陽ニュートリノ振動の発見を追認しました。中性カレントは、すべてのニュートリノに同じ感度があります。スーパーカミオカンデの電子散乱が、ミューニュートリノに関して15パーセントの感度しかなかったのが、100パーセントの感度をもつと思ってよいでしょう。その後、振動パラメータの詳細な決定などに、日本の原子炉実験であるカムランドが活躍したことは、第8章に詳しく説明があります。

5　後日談

さて、大気ニュートリノ振動と太陽ニュートリノ振動の初期の研究が、それぞれ、$\nu_\mu \to \nu_\tau$の振動、$\nu_e \to \nu_\mu$の振動としてほぼ独立に扱えたことには、いくつかの幸運（?）な状況があったからでした。説明は、簡略化、単純化するので厳密でないところもありますが、勘弁していただきましょう。もし、わかりにくかったら、この節は飛ばして読んでいただいてもかまいません。

ニュートリノ振動は第3章で説明されているように、質量の差（Δm^2）と混合の角度（θ）で特徴づけられています。大気ニュートリノ振動 $\nu_\mu \rightarrow \nu_\tau$ に関わる $\Delta m_A{}^2$ と θ_A は、太陽ニュートリノ振動 $\nu_e \rightarrow \nu_\mu$ に関わる $\Delta m_S{}^2$ と θ_S とは値がちがいます。ここでは、仮に大気（Atmosphere）のAと太陽（Sun）のSを添字としておきます。振動の波長は $\lambda = 4\pi E/\Delta m^2$ です。λ をキロメートル、エネルギー（E）をギガ電子ボルト、質量差を電子ボルトの2乗（eV^2）という単位で表すと、$\lambda(\mathrm{km}) = 2.5 \times E(\mathrm{GeV}) / \Delta m^2(\mathrm{eV}^2)$ となります。エネルギーが同じならば、質量差が小さいと波長が長くなり、質量差が大きいと波長は短くなります。また、質量差が30分の1のとき、エネルギーを30分の1にすれば、波長は同じになります。

ニュートリノの発生点と観測者（測定器）までの距離を L（キロメートル）としましょう。同じ振動を見るときに、最も振動効果がよく見えるのは、L が波長 λ（キロメートル）のほぼ半分程度のときです。そのとき、ある質量差を考えると振動効果のよく見える最適エネルギーがあります。そのときの最適エネルギーよりエネルギーが大きいほど波長が長くなり、観測者には振動がだんだんと見えなくなります。エネルギーが最適エネルギーより小さいと波長が短くなり、観測者に到達するまで、何回も振動をして、その振動の平均を見ることになります。

さて、大気ニュートリノの主成分は ν_μ と ν_e であるので、振動現象として $\nu_\mu \rightarrow \nu_\tau$ だけでなく、$\nu_\mu \leftrightarrow \nu_e$ 振動の影響が見えてよいはずなのにどうして $\nu_\mu \rightarrow \nu_\tau$ だけでつじつまがあったのでしょうか。実は、大気ニュートリノのエネルギーが低い場合とエネルギーが高い場合にそれぞれ別の理由があり、$\nu_\mu \leftrightarrow \nu_e$ 振動の影響が無視できたのです。

大気ニュートリノのエネルギーが低い場合、$\nu_\mu \leftrightarrow \nu_e$ 振動に関与するのは太陽ニュートリノ振動をつかさどる $\Delta m_S{}^2 \sim 7.6 \times 10^{-5}\,\mathrm{eV}^2$ です。下から飛来する大気ニュートリノの飛行距離 L、約1万キロメートルが、ちょうど $\nu_\mu \leftrightarrow \nu_e$ 振動の波長程度になるエネルギー、数百メガ電子ボルトです。それ以下のエネルギーなら、振動の効果が見えるはずです。太陽ニュートリノのエネルギーである数メガ電子ボルトまで低くなくても、実は、$\nu_\mu \leftrightarrow \nu_e$ 振動の効果が充分見えるのです。それ以上のエネルギーでは、振動の効果は徐々に見えなくなります。第1節の話で、その辺のエネルギーで、大気ニュートリノは、$\nu_\mu : \nu_e = 2:1$ であることを説明しました。$\nu_\mu \rightarrow \nu_\tau$ 振動を見ると $\Delta m_A{}^2 \sim 2.5\times10^{-3}\mathrm{eV}^2$ ですから、この振動に対する最適エネルギーは数ギガ電子ボルトです。したがって、この辺りの数百メガ電子ボルトのエネルギーでは、波長が地球のサイズより大幅に短くなり、平均化した振動効果が得られることになります。ν_μ と ν_τ は、完全に混ざり合っているので、最初あった「2」相当の ν_μ は振動の効果で、ν_τ と等分され $\nu_\mu : \nu_\tau = 1:1$ となっています。したがって、この低エネルギー領域では、もともと2対1の $\nu_\mu : \nu_e$ が実効的に1対1となり、$\nu_\mu \leftrightarrow \nu_e$ 振動の効果は見えなくなってしまいます。同じ数のものが行き来しても、何の変化もありません。偶然の結果が、大気ニュートリノ振動を簡単化しています。

エネルギーの高いところでは、$\nu_\mu \rightarrow \nu_e$ 振動が、ν_μ が ν_τ を経由して起こる可能性があります。これをつかさどる Δm^2 は、大気ニュートリノ振動をつかさどるものと同じ大きさです。したがって、典型的なエネルギー（数ギガ電子ボルト）付近では、ν_μ が ν_τ を経由して ν_e へ至る振動も見えるはずですが、これは、$\nu_\tau \rightarrow \nu_e$ を引き起こす混合が小さいために見えなかったのです。

実際、これらの複数の「偶然」の効果により、大気ニュートリノ振動は、$\nu_\mu \rightarrow \nu_\tau$ 振動だけを考えて、大きな間違いにはなっていなかったということがあとでわかったのです。また、このとき無視していた電子ニュートリノへの振動（精度を上げると見えてくる）が将来の大きなキーポイントになるのです。

最も観測しやすい数ギガ電子ボルトの大気ニュートリノの振動波長は数百キロメートル～数

千キロメートル程度ですので、10キロメートル程度飛行する、上から降り注ぐ大気ニュートリノは何も変化せず、直径1万3000キロメートルの地球を通り抜けて地球の裏側からやってくる大気ニュートリノは、何回か振動するので、振動の効果として平均化された欠損を明確にとらえることができます。われわれが観測をするこの地球のサイズで、振動の効果が最もよく見えるというのも、自然のつくり上げた偶然のシナリオです。

6　スーパーカミオカンデの威力と魅力

スーパーカミオカンデの威力は、実際すごいものでした。たった10日で、大気ニュートリノ46事象を観測し、ミュー粒子の崩壊の割合が少ないというカミオカンデの結果を確認しました。そして、わずか3日で、太陽ニュートリノの事象の方向分布で、太陽方向にピークを見ることができました。最低観測可能エネルギーは早い時期に5メガ電子ボルトになりました。最近では、データ収集を3メガ電子ボルト相当で行っており、解析に使われる最低エネルギーは3・5メガ電子ボルトです。スーパーカミオカンデという一つの測定器を使って、エネルギー領域のちがう、大気ニュートリノ振動と太陽ニュートリノ振動の二つの振動を発見していま す。実をいうと、第3のニュートリノ振動も、加速器実験ではありますが、遠方の測定器としてスーパーカミオカンデを使ったT2K実験が最初にその存在を示唆していますので、スーパーカミオカンデの成果といってもよいでしょう。おどろくべきことに、長基線ニュートリノ振動実験の遠方測定器として使うという考えは、実は、スーパーカミオカンデの建設中に出ていたのです。このように見ると、スーパーカミオカンデがすべてのニュートリノ振動の発見に貢献しているといってもいいすぎではありません。水と光電子増倍管という、単純な測定器が、いくつもの成果を上げているということに不思議さを感じます。

そして、これらの成果により、大気ニュートリノ研究のまとめ役だった梶田隆章が「ニュートリノ振動の発見」として、２０１５年のノーベル物理学賞を受賞し、さらに、スーパーカミオカンデ実験グループ全員が、「ニュートリノ振動という本質的な発見により、素粒子物理学の標準理論をはるかに越える新しいフロンティアを開拓した実績」として、２０１６年のブレークスルー基礎物理学賞を受賞しています。

スーパーカミオカンデでは、二つのニュートリノ振動の詳細な研究のみならず、超新星からのニュートリノの観測も期待されます。もし、超新星が銀河中心で起これば、観測数は1万事象近くにも達し、爆発のメカニズムの理解に大きな貢献をするでしょう。超新星ニュートリノ観測のために、測定器で較正作業を行うことによる観測不能な時間は、極限まで少なくする努力をして現在2パーセントになっています。陽子崩壊は20年間にわたり蓄積したデータから、その寿命の下限が10^{34}年を越え、他の追従を許さない結果を示しています。太陽や地球、あるいは銀河中心に捕獲されたダークマターが対消滅をするときに発生するニュートリノも観測対象です。低質量のダークマターに関して、世界最大の感度を誇っています。

スーパーカミオカンデは、このように数メガ電子ボルトという低いエネルギーから5~6桁高いエネルギーまで、広いエネルギー領域の現象を探索することができ、多彩なサイエンスが行える測定器です。

最後に、スーパーカミオカンデで観測した「ニュートリノによる太陽像」を図６・９に示します。

図6·9　ニュートリノによる太陽像。

7章　ニュートリノ質量の発見
——加速器からのニュートリノを使うK2K／T2K

大気ニュートリノで見つかったニュートリノ振動を加速器でつくった人工ニュートリノビームを使って検証することがとても大事です。そしてその先には、もっと詳しく研究してニュートリノ振動の全体像を調べる必要があります。このために、日本では世界で最初にニュートリノビームを長距離の250キロメートル飛ばしてニュートリノ振動を調べるK2K実験が行われました（これを長基線ニュートリノ実験といいます。）。そして現在は、K2K実験の約100倍の性能をもつT2K実験が行われています。K2K実験は茨城県つくば市の高エネルギー加速器研究機構（KEK）でニュートリノビームを、T2K実験は茨城県那珂郡東海村の大強度陽子加速器施設（J-PARC）でニュートリノビームをつくり、岐阜県飛騨市神岡町にあるスーパーカミオカンデに向けて発射しています。K2K実験とT2K実験の概要を図7・1に示します。

K2K実験はKEKから神岡へ（KEK-to(2)-Kamioka）の頭文字をとって、T2K実験は東海から神岡へ（Tokai-to(2)-Kamioka）の頭文字をとって、名前がつけられました。

1　加速器ニュートリノ実験のねらい

陽子を主成分とする宇宙線が大気中の窒素や酸素等の原子核と反応すると、パイ（π）中間子を主成分とする粒子群が生成されます。大気ニュートリノは、このパイ中間子の崩壊によっ

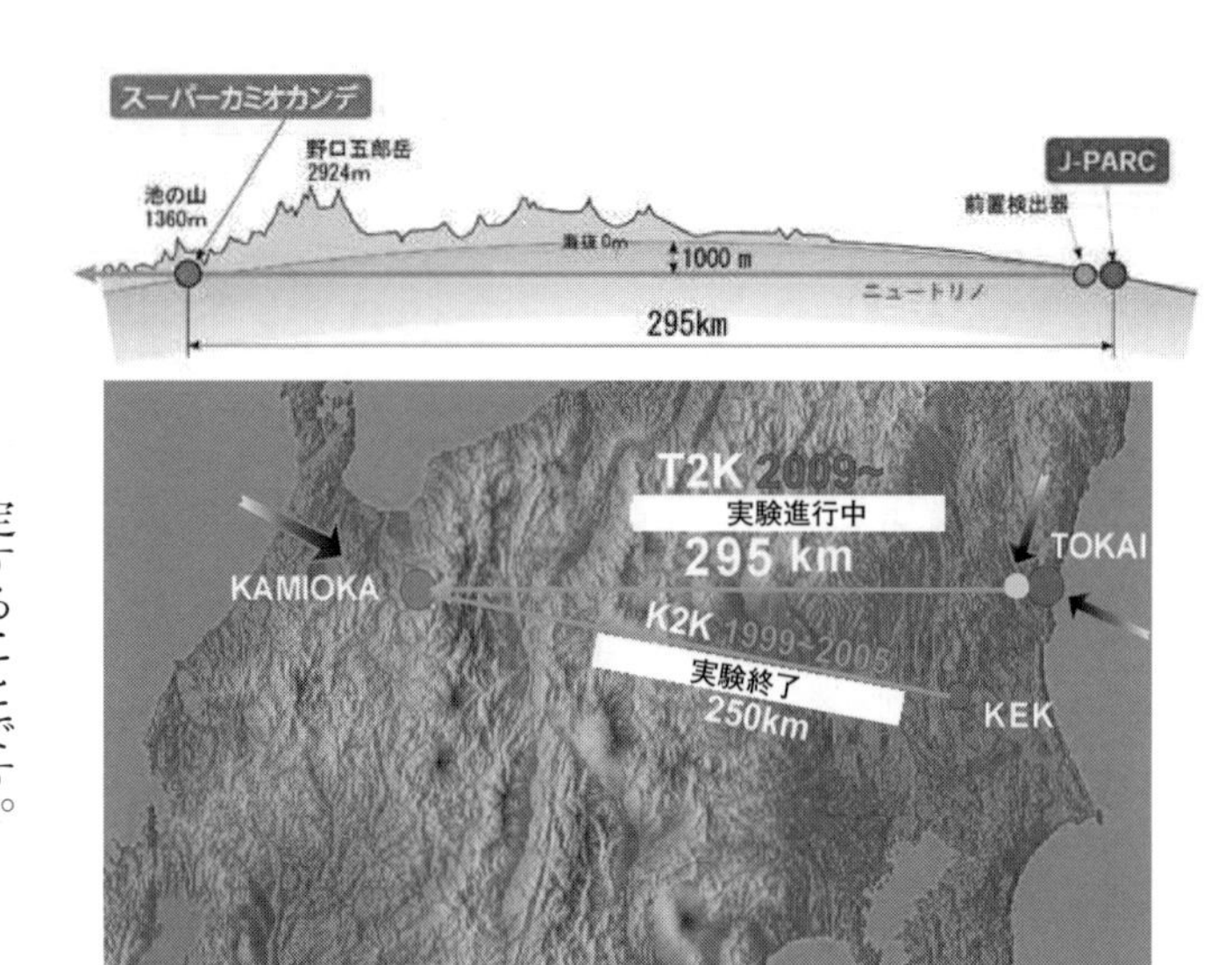

図7･1 K2K実験とT2K実験。K2K実験はつくば（KEK）から、T2K実験は東海（J-PARC）から、神岡のスーパーカミオカンデに向けてニュートリノビームを発射する。発射されたニュートリノビームは地中を通り、神岡に到達する。

てつくられます。これまでの多くの実験によって、パイ中間子生成とその崩壊、およびニュートリノの反応はすでに知られています。カミオカンデの大気ニュートリノ異常は、これらの既知のデータに基づく予測と大きく食いちがっていました。

特に異常な点は、カミオカンデの下方から上向きに飛来したミューニュートリノが上方から下向きに飛来したものに比べ数十パーセント減っていたことです。大気ニュートリノが地球中で反応する確率は、これまでのニュートリノ実験によると、100万分の1程度であり数十パーセントの減少を説明するのは不可能でした。ニュートリノのエネルギーはそのまま変化しないので、地球規模の長距離飛行中にミューニュートリノが反応しにくい他のニュートリノに変化していると考えられます。中心の課題は、どのようなメカニズムで変化しているのかを同定することです。

他の可能性として、（考えにくいですが）宇宙線中に未知のメカニズムでニュートリノを生成する粒子があり、これが食い違いの原因になることです。このため加速器でつくったニュートリノの実験で、減少が再現できれば、未知のメカニズムを棄却できます。

以前からニュートリノ振動は探索されてきました。中性ケイ（K）中間子の振動の発見以来、ニュートリノ振動の可能性は、すでに１９５０年代にブルーノ・ポンテコルボ、１９６０年代に牧-中川-坂田により独立に提唱されました。ただし、ブルーノ・ポンテコルボの提唱は中性ケイ中間子と同様な粒子-反粒子間の振動であり、牧-中川-坂田は質量状態を通して種類が変化する振動を提唱しました。大気ニュートリノにおけるミューニュートリノの減少は、ブルーノ・ポンテコルボ理論でも、牧-中川-坂田理論でも説明することは可能であり、実験的に決定する必要があります。また、振動以外にも、ニュートリノが質量をもてば、長距離の伝搬中にミューニュートリノが他のニュートリノに崩壊して減少する可能性もあります。

したがって、加速器ニュートリノによる長基線実験では、カミオカンデで示唆されたミューニュートリノが長距離で減少することだけでなく、3章の4節で説明した「相互作用の固有状態」間でのニュートリノ振動であることを示すことが目的となります。それには、ミューニュートリノの減少のエネルギー依存とその種類が変化していることを示すことが必要です。

2　Ｋ２Ｋ加速器実験の特長

カミオカンデの発展としてスーパーカミオカンデが１９９１年に建設開始されました。ＫＥＫには12ギガ電子ボルト陽子シンクロトロン（ＫＥＫ-ＰＳ）が稼働していました。これは１９７６年に日本の高エネルギー物理学の開拓者たちによって多くの困難を排して建設されたものです。

Ｋ２Ｋ実験の特長を列挙すると、次のようになります。

ニュートリノ振動が「相互作用の固有状態」間で起こっていることを示す第5章の（式19）を確かめるために、

①ニュートリノの生成と検出の距離（L）が一定であるため、振動のパターン［P（$\nu_a \rightarrow$

$$p + A \rightarrow \pi + X, \quad \pi \rightarrow \mu + \nu_\mu$$

ν_β)〕がニュートリノのエネルギー（E）の依存性を測定することで同定できます。

②ニュートリノのエネルギー（E）は1ギガ電子ボルト程度を中心に広がった分布をしています。つくばと神岡の間の距離250キロメートル（L = 250 km）を考慮すると、カミオカンデで示唆されたΔm^2領域を調べることができます。

③ニュートリノビームの方向が決まっています。低エネルギーのミューニュートリノの多くは2体反応（$\nu_\mu + n \rightarrow \mu + p$）を行うので、生成されたミュー粒子のエネルギーとニュートリノの方向に対する生成角度を測定することによって、ニュートリノのエネルギーが決定されます。これを用いてニュートリノ振動がないときに予想されるニュートリノビームのエネルギー分布と比較することによって、エネルギー依存性を調べることができます。

一方、ニュートリノは反応確率が小さいうえ、250キロメートルという長距離によってニュートリノビームはラッパ状に拡散するので、大量のニュートリノを生成しないと充分な数のニュートリノ事象を測定できません。KEK-PSという比較的小型の加速器でいかに強度を増すかが重要な点であり、KEK加速器グループの努力により、加速器のビーム強度増強が達成されました。そして、単位時間あたりに加速される陽子の数で約6倍に達しました。

ニュートリノは、加速器からの12ギガ電子ボルトのエネルギーをもつ陽子（p）と金属標的の原子核（A）との衝突で生成された、主にパイ中間子の崩壊によってつくられます（上の式を参照）。図7・2に、ニュートリノ生成ビームラインの概念図を示します。

ビームラインは、アルミニウム標的、生成されたパイ中間子を集め収束するホーン電磁石とパイ中間子の崩壊のためのトンネルからなります。標的から300メートルの近傍にニュートリノ測定器（ND）を置き、生成直後（ニュートリノ振動以前）のニュートリノのエネルギー、ビーム中に含まれているニュートリノの種類を測定します。この陽子エネルギー領域で

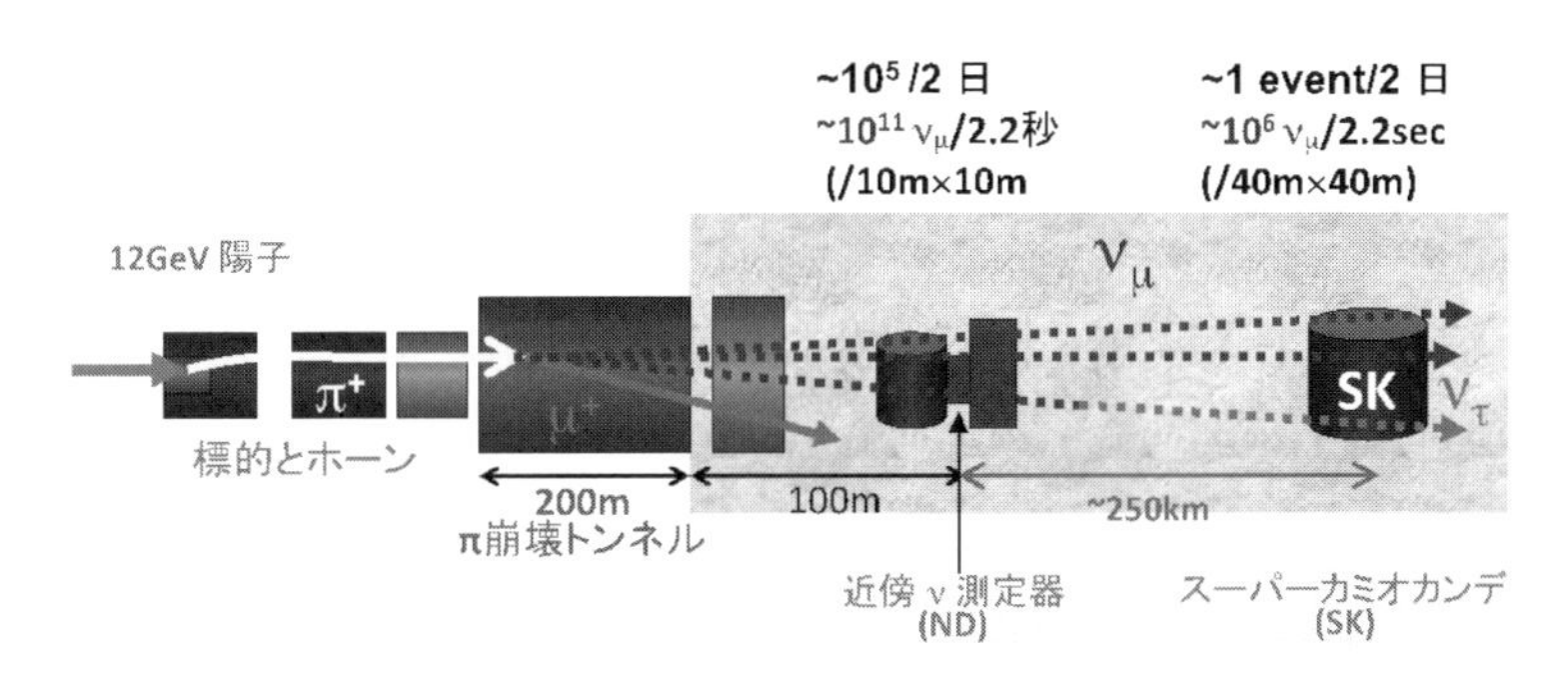

図7·2 K2K実験のニュートリノ生成ビームラインと測定器

は、主なニュートリノ源は荷電パイ中間子で、崩壊トンネル内で崩壊してミューニュートリノを生成します。ほかに電子ニュートリノもビーム中に存在しますが、その主な源はパイ中間子崩壊でできるミュー粒子の崩壊です。ミュー粒子はパイ中間子に比べ寿命が長いので、限られた崩壊領域では一部しか崩壊せず、大部分はトンネルとND間の地中で止まってしまい、ニュートリノビームに寄与しません。したがって、生成されるニュートリノの約90パーセントはミューニュートリノです。

K2K実験では、加速器から2・2秒ごとにビームを発射し、1回のビーム発射あたり、NDで10メートル×10メートルの断面に1000億個、スーパーカミオカンデで40メートル×40メートルの断面に100万個のニュートリノが通過します。そのごく一部がNDで反応し、ミュー粒子をつくった事象に基づいて振動前のミューニュートリノの数とエネルギー分布、電子をつくった事象に基づいて電子ニュートリノの数を測定します。さらにニュートリノは、地下を250キロメートル走行し、スーパーカミオカンデに到達後に、そのごく一部が反応します。加速器のビーム発射時刻と同期した事象を選ぶと、加速器からのニュートリノによる事象と同定できます。NDの測定とスーパーカミオカンデでの測定を比べることにより、ニュートリノ振動を探索します。

3 結果とその意味するもの

K2K実験は1999年から2004年の5年間の全データで、

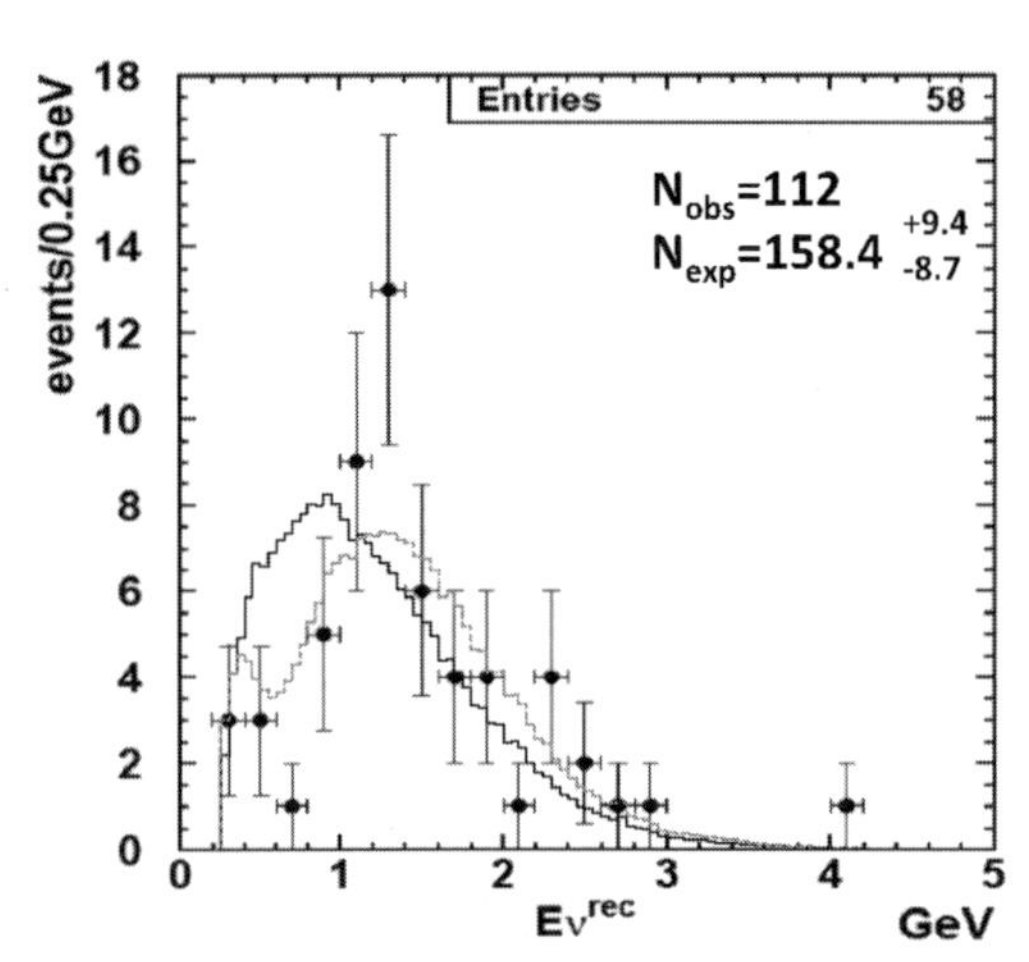

図7·3　K2K実験で観測されたミューニュートリノのエネルギー。点が観測データで、灰色の線（黒線）が振動がある（ない）場合の予想値。

ニュートリノ振動がなければ、スーパーカミオカンデで加速器ニュートリノが$158^{+9.4}_{-8.7}$事象見えると予想しました。一方、観測したのは１１２事象でした。ニュートリノ振動がない、つまりニュートリノが減少していないと考えると、１５８事象の予想で１１２個の観測結果を説明できる確率はわずか０・０６パーセントです。つまり、ニュートリノ振動がないと、この実験結果は説明できないのです。カミオカンデが観測した宇宙線中のミューニュートリノの減少が、加速器を使ったミューニュートリノビームでも再現したわけです。

図７・３はスーパーカミオカンデで検出されたニュートリノ事象のうち、加速器のビーム出射と同期したもので、そのうちエネルギー測定が可能な事象に関するニュートリノのエネルギー分布を示します。

図中では、ニュートリノのエネルギーの変化を調べるために、エネルギー分布の形をニュートリノ振動がある場合（灰色の線）とない場合（黒線）で比べています。観測されたデータの分布は振動がある場合とよく一致していました。振動がある場合の予想は、$\Delta m^2 = 2.77 \times 10^{-3} \mathrm{eV}^2$、混合角$\theta = 45°$となっています。

事象数の減少と、エネルギー分布のずれを使って、ニュートリノが変化していない確率は０・００１５パーセント（4.3σ）で、１ギガ電子ボルト程度のミューニュートリノが２５０キロメートル伝搬すると、大きな確率でミューニュートリノではなくなることが示されたことになります。ニュートリノ振動の予言と一致した結果です。さらにニュートリノ振動の研究を進めるために、ミューニュートリノが他の種類のニュートリノにどれくらいの率で変化しているかを精密に調べる必要があります。特に、ミューニュートリノが電子ニュートリノに振動しているのか、タウニュートリノに振動しているのかを同定することが重要です。また、ミューニュートリノとその反粒子である反ミューニュートリノでも同じように振動が起こっているのかも調べることも重要です。これらの詳細な研究には、より大強度の加速器が必要となります。

4　もっとニュートリノを！——T2K実験

ニュートリノをより詳細に研究するためには、もっとたくさんのニュートリノが必要になります。そのために、カミオカンデに代わってスーパーカミオカンデがつくられたように、K2K実験の加速器KEK-PSの約100倍のパワーをもつ加速器が高エネルギー加速器研究機構と日本原子力研究開発機構との共同でつくられました。茨城県東海村にある大強度陽子加速器施設J-PARC（Japan Proton Accelerator Complex）です。より大量のニュートリノビームをつくるためには、加速器で加速する陽子の個数を増やし、さらにビームのエネルギーを上げることが大事です。J-PARCは200兆個の陽子を1・3秒ごとに30ギガ電子ボルトまで加速する設計になっています。[*] この大強度ビームを受けて、ニュートリノビームを生成する実験装置がJ-PARC内に建設されました。T2K実験では、J-PARCでニュートリノビームを生成し、295キロメートル離れた神岡のスーパーカミオカンデで測定します。T2K実験はK2K実験を発展させ、約50倍のニュートリノビーム強度とより最先端の実験手法

＊　2016年2月の時点では2・48秒周期で400キロワットのパワーが出ています。

が取り入れられています。その特徴を紹介すると、次のようになります。

①ニュートリノ振動が起こるエネルギーにビームのエネルギーを合せることが大事です。K2K実験で得られた質量の自乗差が$2.77\times10^{-3}eV^2$付近を詳細に調べるために、T2K実験では、「非軸ニュートリノビーム生成法」という新しい方法を採用し、振動が起こりやすいエネルギー（約0・6ギガ電子ボルト）にビームを調整してあります。

②振動する前のニュートリノをJ-PARC内で精密に測定することが重要です。ニュートリノが反応してできる素粒子を正確にとらえ、ニュートリノの種類とエネルギーを正確に測定できる実験装置がJ-PARCの施設内に配置されています。

③K2K実験の約100倍のビーム強度を取り扱えるように、ビーム生成装置が改良されています。機器の放射化を押さえるために高品質のビームを利用し、放射化が避けられない箇所はリモートで保守ができるように設計されています。

J-PARCの大強度陽子ビーム、ニュートリノビーム生成装置の高性能、そして世界最大規模のニュートリノ検出器スーパーカミオカンデによって、T2K実験は世界最高クラスのニュートリノ実験となっています。そのためにT2K実験には世界11か国から総勢500名の研究者が集まり、国際共同研究が行われています。

5　T2K実験の結果

T2K実験は、K2K実験やスーパーカミオカンデ実験の測定精度を超えて、ニュートリノ振動の全貌の解明に迫ります。特に、加速器ニュートリノビームは純粋なミューニュートリノを大量に生成できるので、高精度の実験が可能です。ニュートリノ振動は3種類のニュートリノ（電子ニュートリノ、ミューニュートリノ、タウニュートリノ）のあいだで起こり、三つのニュートリノ振動モードがあります。K2K実験では、大気ニュートリノの結果と同じニュートリノ2とニュートリノ3の混合角（θ_{23}という表される）が約45度、質量の自乗差がおよそ2.5×10^{-3}eV^{2}で起こるニュートリノ振動を測定していました。それに比べ、太陽ニュートリノ観測やカムランド実験ではニュートリノ1とニュートリノ2の混合角（θ_{12}）が34度くらいで質量の自乗差がおよそ7.5×10^{-5}eV^{2}のニュートリノ振動を観測しました。T2K実験では、ニュートリノ1とニュートリノ3の混合角（θ_{13}）がゼロでなく、質量の自乗差がおよそ2.5×10^{-3}eV^{2}のニュートリノ振動を観測することに成功しました。

T2K実験は2010年から始まり、2011年にミューニュートリノから電子ニュートリノへの振動の候補を6事象検出しました。図7・4に検出された電子ニュートリノのエネルギーの分布を示します。ニュートリノ振動が起こっていない場合は、ニュートリノビーム中の電子ニュートリノの割合を考慮して1・5事象しか見えないはずでしたが、6事象検出したことで99・3パーセントの信頼度で電子ニュートリノへの振動を発見したことになります。

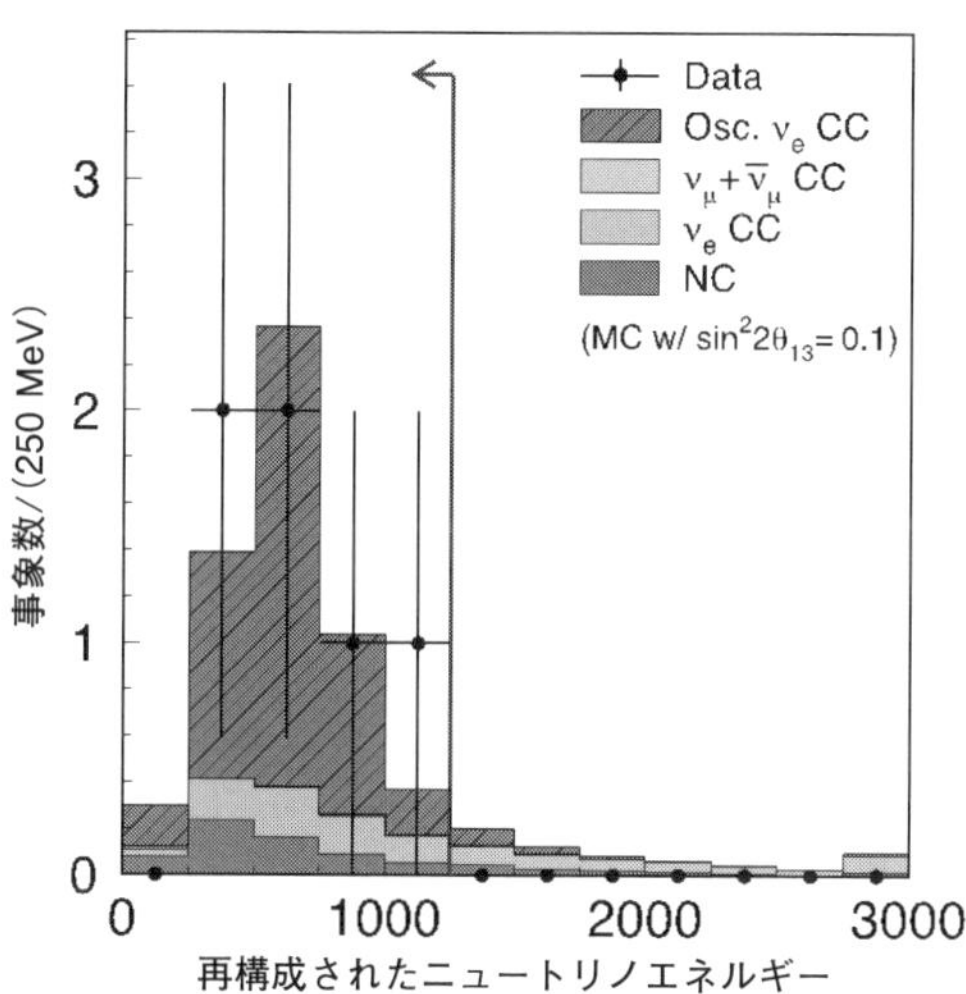

図7･4　T2K実験で2011年に発見された電子ニュートリノへ振動したニュートリノエネルギー分布。図中の斜線の分布が電子ニュートリノへの振動の予想値を示している。

この振動は、ニュートリノ1とニュートリノ3により起こる振動で、その混合角θ_{13}は10度くらいとの結果がでました。当時、混合角θ_{13}はとても小さいと考えられていたので、T2K実験の結果は大きな驚きでした。2013年には、さらに28事象の電子ニュートリノを観測し、その発見を確実なものとしました。この混合角θ_{13}の結果は、201

2年に中国、韓国、フランスの原子炉ニュートリノ実験Daya Bay、RENO、Double Choozでも確認され、より高い精度でθ_{13}が決められました。

T2K実験では、大気ニュートリノやK2K実験で測定していたミューニュートリノからタウニュートリノへの振動も世界最高の精度で測定することに成功しています。ニュートリノ振動の研究に加えて、ニュートリノ反応の研究、三つのニュートリノを超えた新しいニュートリノ振動の探究など、さまざまな興味深い結果がでてきています。

6　ニュートリノの反粒子、反ニュートリノを使って

T2K実験が現在進めているのは、ニュートリノの反粒子である反ニュートリノの振動の研究です。素粒子には、電荷が反対の反粒子が存在します。電荷が負の電子には、正電荷の陽電子が存在します。また、正電荷をもつ陽子の反粒子は、負電荷の反陽子です。そして、宇宙誕生の理論であるビッグバン理論では、宇宙初期には粒子と反粒子は同数つくられたと考えられています。しかし、われわれの身のまわりには反粒子はほとんど存在しません。実際、反粒子が存在すれば粒子と出会って消滅してしまいます。よって、粒子でできたわれわれの住む物質世界が消滅しないためには、反粒子が存在すると困るのです。では、反粒子はいつどのようにして消えてしまったのでしょうか？　この問題は、まだわかっておらず、「粒子と反粒子のあいだの対称性の破れ」が鍵を握っていると考えられています。2008年にノーベル物理学賞を受賞した小林誠と益川敏英は、クォークで起こっている「粒子と反粒子のあいだの対称性の破れ」を説明しました。しかし、同時に、小林と益川が証明した「粒子と反粒子のあいだの対称性の破れ」では、宇宙の初期に反物質を消し、物質だけをいまの状態に生き残らせることは難しいと考えられています。そこで、「ニュートリノにおける粒子と反粒子のあいだの対称性

の破れ」に注目が集まっています。ただ、ニュートリノは電荷をもっていないので、粒子と反粒子が区別できるのかも自明ではありません。この「ニュートリノにおける粒子と反粒子の違い」を見つけようといろいろな実験が行われています。

Ｔ２Ｋ実験では、ミューニュートリノビームの代わりに、反ミューニュートリノビームをつくることができます。Ｋ２Ｋ実験のところで説明したパイ中間子を収束するホーン電磁石に流れる電流の向きを逆にするのです。これで、π^+中間子の代わりにπ^-中間子を収束させることができます。π^-中間子はミュー粒子と反ミューニュートリノに崩壊するので、反ミューニュートリノビームができます。Ｔ２Ｋ実験では、２０１４年の6月から反ミューニュートリノビームを用いて実験を開始しました。２０１５年には、世界最高の精度で反ニュートリノの振動の測定に成功しました。そして反ニュートリノの振動の結果は、ニュートリノ振動の結果と一致していました。興味があるのは、反ニュートリノ振動とニュートリノ振動のあいだの違いです。この違いを見つけるためには、より多くの実験データが必要で、この答を出すのにまだ5年程度はかかるのではないかと考えています。実験は継続しています。

「ニュートリノにおける粒子と反粒子の違い」をより確実なものとし、さらにその精密な測定をするにはＴ２Ｋ実験では反ニュートリノの数が充分ではない可能性があります。そのために、スーパーカミオカンデより10倍以上大きなハイパーカミオカンデ計画が提案されています。ハイパーカミオカンデ計画は9章で説明します。

8章　反ニュートリノ質量の発見
──原子炉からのニュートリノを使うカムランド

1　液体シンチレータを使うカムランド

スーパーカミオカンデの稼動によって役割を終えたカミオカンデは東北大学に移管され大幅な改造が施されました。なかなか反応してくれないニュートリノの観測装置は大きいほど観測に適していますので、改造にあたっては新たな特徴をもたせなければなりません。新しい特徴はより低エネルギーでの観測を行うということでした。低エネルギーまで観測すればより多様で大量のニュートリノを観測対象にできるのですが、低エネルギーではウランやトリウムといった放射性不純物を起源とするバックグラウンドが急激に増えてしまいます。スーパーカミオカンデは稼動してまもなく太陽ニュートリノ観測において5メガ電子ボルトという低エネルギーで解析することを実現し順調にデータの蓄積を始めました。このエネルギーで観測できるのは主に^{8}B太陽ニュートリノですが、より低いエネルギーではニュートリノの量が3桁も大きい^{7}Be太陽ニュートリノがあります。それ以外にも、原子力発電所の原子炉や地球内部からの反ニュートリノなど新たな観測対象が期待できます。これら低エネルギーのニュートリノを観測するためには、放射性不純物を極限まで低減しニュートリノがつくり出す信号を増強することが必要です。さらに加えるならニュートリノ事象とそれ以外とを効果的に識別する特別なしくみがほしいところです。そこで注目されたのが液体シンチレータです。スーパーカミオカンデ

図8･1　カムランド実験装置。直径18 m の球形タンク内外に約2000本の光センサーが設置されていて、中心の直径13 m のナイロン製バルーン内の約1000トンの液体シンチレータがニュートリノの標的となる。

が利用するチェレンコフ光と比べて１００倍ほどの発光量が期待できます。さらに液体シンチレータはニュートリノを最初に発見した実験でも用いられたように、水素の原子核（つまりは自由な陽子）による逆ベータ崩壊反応を利用することで、反ニュートリノに対して特別の識別能力をもたせることができます。ここでいう逆ベータ崩壊とは以下の反応です。

$$\bar{\nu}_e + p \rightarrow e^+ + n$$

反電子ニュートリノが陽子に捕獲された際に放出される陽電子（e^+）が第1信号として検出でき、同時につくられた中性子が時間をおいてまわりの原子核に捕獲される際に第2信号をつくることで、遅延同時計測というバックグラウンドとの識別能力が高い測定方法を用いることができます。そこで新たな観測装置は、カムランド（Kamioka Liquid-scintillator Anti-Neutrino Detector：神岡液体シンチレータ反ニュートリノ観測装置）と名づけられました。

カムランドの全体図を図8・1に示します。直径・高さともに約20メートルの円筒形の水槽内に直径18メートルのステンレスタンクが設置されていて、その内外に約２０００本の光センサー（光電子増倍管）が配置されています。その3分の1ほどはカミオカンデからの流用で、残りは新開発の光センサーで時間の測定精度が3倍程度向上しています。

タンクが球形なのは対称性を高めてエネルギーの測定精度をよくするのに有効です。球形タンクの内側は光センサーのすぐ内側に透明なアクリル製の隔壁を設置し、タンクや光センサーなどの素材から染み出してくる放射性不純物を遮断します。さらに内側にナイロン製の直径13メートル・厚さ135マイクロメートルのバルーンが設置されており、この内側には液体シンチレータ、外側にはあえてシンチレーション光を出さないオイル（バッファーオイル）を満たすことで、壁面からの大量のバックグラウンドでデータが飽和しないようにしてあります。液体シンチレータは、体積比80パーセントがドデカン、20パーセントが1-2-4トリメチルベンゼンで、ジフェニルオキサゾールが発光溶質として加えられています。バッファーオイルはドデカンと炭素が平均14入っているイソパラフィンがほぼ半々でつくられています。したがって球形タンク内はいわゆる「油」で満たされています。建設時は放射性不純物の低減に徹底的にこだわり、タンク内部は台所洗剤・純水・エタノールで磨くのですが、品質保証のためスポンジなどを往復させる回数をルール化しました。そこで、ゴシゴシと洗った手の移動距離を計算したところ総延長は1000キロメートルにもなりました。また、液体シンチレータとバッファーオイルに対しては、放射性不純物などイオン性のものは水に移動しやすい性質を利用して、純水よりも圧倒的に不純物の少ない油を得る液液抽出を行うことで、身のまわりの通常の物質と比べて1兆分の1、スーパーカミオカンデの超純水と比べても100分の1以下という放射性不純物量を達成しました。これによりカムランドは大光量・極低放射能という特徴を備えることができました。その後はさらに蒸留・脱気を実施し、さらなる極低放射能化が実現しています。

余談ですが、球形のタンクにしたことでかなりの苦労が生じました。油中で使う光センサーは防油性をもたせたのですが、防水性には自信がありませんでした。研究者や学生が清掃や光

図8·2　カムランド建設中の様子。研究者や学生が組み立てを行った。

センサーの取り付けを行うため、図8・2のように高所作業を避けようとタンク内に水を張り発泡スチロールの床を使い、さらに発泡スチロールのブロックを積み上げて作業しました。光センサーを水に浸けないためには上から取りつけるわけですが、水面を下げると床のサイズが変わるので毎回組み直しです。また、光センサーのケーブルをすでに人がアクセスできなくなった場所を通して上にもち上げなくてはなりません。場所によっては床から遠く離れた作業も必要です。研究者の中にロッククライマーがいたことでなんとか高価な足場を組まずに完成させることができました。完成してからは、球対称であることで原理的にはエネルギー測定の均一性が期待できるのですが、実際に均一性が実現しているかどうかの測定を放射線源で行おうとするとタンク中心を通る鉛直線上でしか確認できないことに気づきます。機器を導入できる開口部はフラスコ状のタンク上部に小さな穴があるだけなのです。小型の潜水艦やロボットアームなど考えあぐねましたが、線源の位置を1センチメートルといった精度で固定するのが難しく、極低放射能の環境には外部からの汚染を避けるために極力資材を投入したくないし、そもそも高価すぎるということで難儀しました。これは、米国の共同研究者のアイデアで2本のひもで棒をつるして三角形をつくることで、鉛直軸から離れた場所に線源を配置するというアイデアで切り抜けました。しかし、この較正は時間と労力がかかるため大々的な較正は2回行っただけです。もう一度チャンスがあったら球形にしますか?と聞かれたら、うーん、できれば避けたい…ところです。

2　目指すは太陽ニュートリノ問題の解の特定

カムランド計画が始まった頃、スーパーカミオカンデは太陽ニュートリノ観測を始めていましたが、なかなか太陽ニュートリノ問題を解決する決定打を得ることができませんでした。その時点ではニュートリノ振動が最も有力だったとはいえ、ニュートリノ振動のパラメータとして許される質量自乗差には7桁ものひらきで四つの解がありました（図8・3）。さらには、ニュートリノ振動以外にも、ニュートリノの磁気モーメント・崩壊・世代を変える中性カレント反応・デコヒーレンス（量子力学的な重ね合わせが機能しなくなり種類が変わったように見える）など多くの仮説が

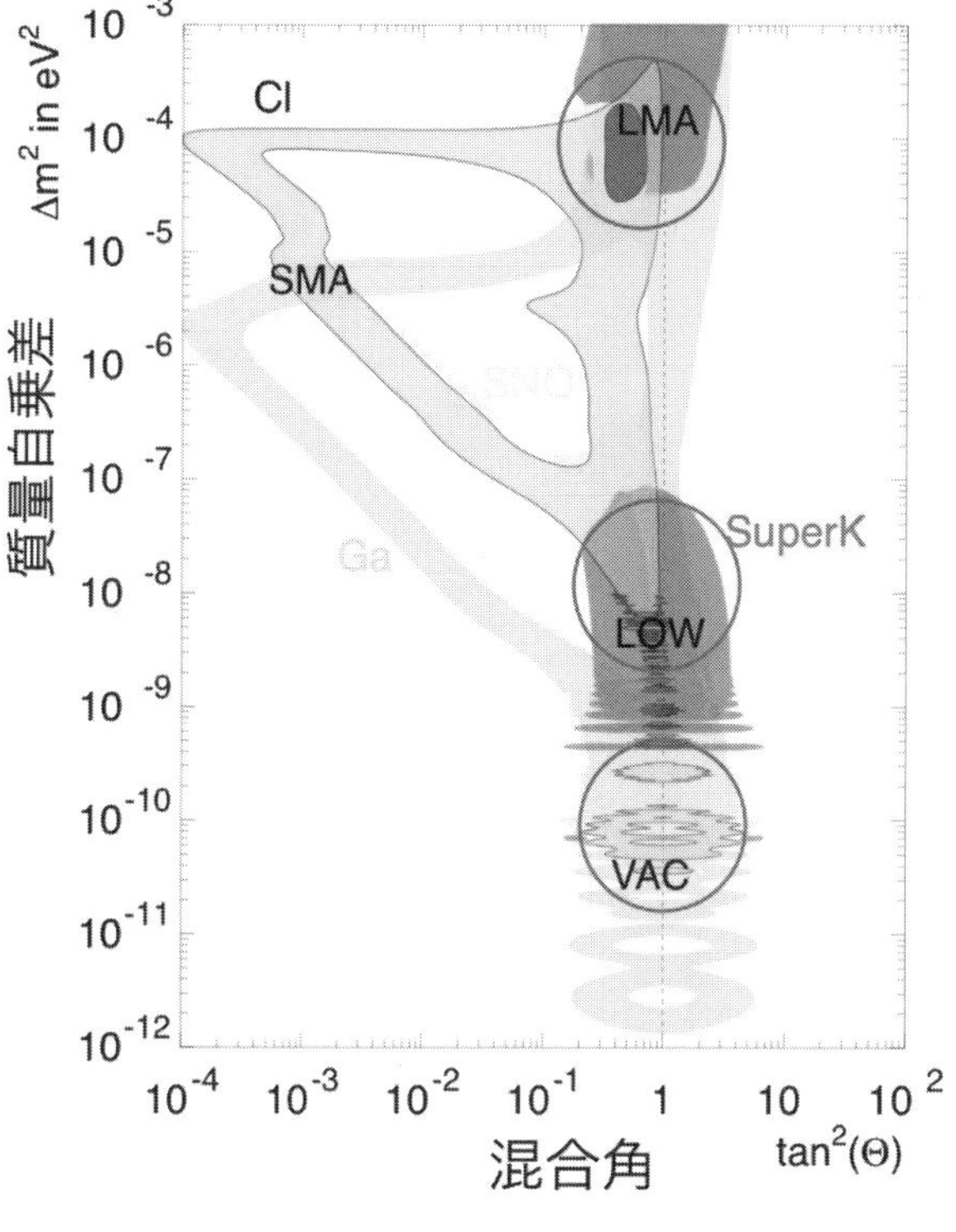

図8・3　太陽ニュートリノの観測結果を説明するためにニュートリノ振動を仮定すると、LMA, SMA, VAC, LOWという四つの解が許されていた。太陽ニュートリノの観測結果（SuperK, SNO, Ga, Cl）が重なるところが解として生き残り、LMAとVACでは質量自乗差に7桁ものひらきがある。

図8·4　カムランドを取り巻く原子力発電所。有効距離180 km 付近に多くの原子炉があり、長基線での原子炉反ニュートリノ観測が実現した。

生き残っていました。

　低エネルギーの観測に優れたカムランドは多くの可能性を秘めており、当時実現していなかった^{7}Beニュートリノ（電子ニュートリノ）の直接観測で太陽ニュートリノ問題に取り組むことも可能でしたが、まずは反ニュートリノに対する優れた特徴を活用できる原子炉反ニュートリノの観測に挑戦しました。ちなみに^{7}Beニュートリノの観測は蒸留・脱気を行ったあとにやっと実現しました。さて、カムランドのある神岡から約180キロメートルの距離には世界最強の柏崎刈羽原子力発電所や若狭湾の原発群、浜岡原発などがあります（図8・4）。原子力発電所ではウラン235、ウラン238、プルトニウム239、プルトニウム241といった原子核が核分裂することでエネルギーを取り出しています。軽い安定な原子核では陽子と中性子はおよそ同数あるのに対して、重い原子核ではおたがいに反発し合う陽子をつなぎとめるために中性子が多めに入っています。すると核分裂によってできた原子核では中性子が多すぎるので、中性子が陽子に変わるベータ崩壊（${}^{A}_{Z}X \to {}^{A}_{Z+1}Y + e^{-} + \bar{\nu}_{e}$）が続きます。そういうわけで、先ほどの原子核が分裂するとおよそ２００メガ電子ボルトのエネルギーを生成すると同時に5～6個の反電子ニュートリノを放出します。このニュートリノのエネルギーは、逆ベータ崩壊によって観測することを考慮すると平均4メガ電子ボルト程度です。原子炉が運転している場合は、カムランドでは1日に1～2個の反電子ニュートリノを検出し、ニュートリノ振動に対しては質量自乗差$10^{-5}eV^{2}$以上で混合角が大きいときに感度（検出能力）があることがわかります。この少ない反応数でも高精度の観測を実現するための方策が、上述の極低放射能化と遅延同時計測です。ニュートリノ振動をとらえる能力についてはきびしい面がありました。当時許されていた四つのパラメータ領域のうち大混合角解（ＬＭＡ）というたった一つの解にしか感度がなかったのです。

カムランドは２００２年に観測を開始しました。まさにその年に重水を使った太陽ニュートリノの観測を開始していたカナダのＳＮＯ（サドバリーニュートリノ観測所）実験が大きな発表をしました。「ニュートリノのフレーバー変換の証拠」と題するその発表は、それまで電子ニュートリノにのみ感度がある荷電カレント反応が主体の太陽ニュートリノ観測でニュートリノ欠損が見られていたのに対し、全フレーバーのニュートリノに感度がある中性カレント反応を使った研究では欠損が見られなかったというものでした。フレーバーというのは3世代ある物質粒子を区別する言葉で、ニュートリノや電子が含まれるレプトンでは電子タイプ、ミュータイプ、タウタイプがあります。また、荷電カレント反応は同じフレーバー内で電子ニュートリノが電子に、あるいはその逆のような変化をする反応であり、フレーバーによって反応強度が異なるのに対し、中性カレント反応は、ニュートリノはニュートリノのままでフレーバーも変化せず、すべてのフレーバーで同じ反応強度なのです。つまり、太陽中心では核融合反応によって電子ニュートリノがつくられているのに地球に到達するまでのあいだに他のフレーバーのニュートリノに変化していることを示したのです。この業績によりＳＮＯ実験のリーダーであるアーサー・マクドナルドが２０１５年に梶田隆章とともにノーベル賞を受賞しました。ここで注目してほしいのは、ニュートリノ振動の証拠とはいっておらずフレーバー変換の証拠といっていることです。実際このデータが加わってもニュートリノの磁気モーメントの仮説は生き残っていますし、ニュートリノ振動を仮定しても解（質量の自乗差と混合角）の特定には至っていなかったのです。

3　原子炉反ニュートリノも欠損していた！

さてカムランドに話を戻します。原子炉反ニュートリノを太陽ニュートリノ問題の解の特定に使うには、ニュートリノと反ニュートリノで質量が同じでなければなりません。これ自体興味深い研究対象ではありますが、広く信じられていますのでここでは同じということにします。太陽と原子炉を対比してみると、太陽では電子ニュートリノがつくられ、原子炉では反電子ニュートリノがつくられます。ちょうど粒子・反粒子の関係です。太陽は標準太陽モデルという理論を介するために太陽内部の理解という点で少し心配があり、そのために太陽モデルによらないニュートリノ振動の証拠として、太陽ニュートリノ検出数の季節変動・日夜変動・エネルギー分布のゆがみなどが精力的に調べられました。また太陽活動を停止させることもできませんし、強力ですが未知の太陽磁場や、地球の10倍にもなる高密度が影響するかもしれません。一方、原子炉は制御できるものであり、どれだけのニュートリノがつくられるかは生成過程に立ち返っても調べることができ、また、ニュートリノ測定によっても調べられており、充分信頼できるものでした。ウラン燃料の初期濃縮度・燃焼度と熱出力を知るとニュートリノのスペクトルを計算することができます。カムランドでは電気事業連合会と協力してこれらの情報を国内のすべての原子炉から取得し、海外の原子炉に対しては電気出力からニュートリノ発生量を算出しました。神岡でのニュートリノ量は国内の原子炉が稼働中なら1平方センチメートルあたり1秒間で約600万個にもなり、うち国内商用炉の寄与は95パーセント以上です。ニュートリノ量の算出で最も大きな不定性は熱出力の測定で、原子炉を流れる水の流量と温度変化から出力を得るのですが、流量計に対して安全を見て2パーセントという大きめな誤差がつけられています。ニュートリノの生成量が2パーセント程度でわかるのに対して、反応強度を示す反応断面積の誤差は0・2パーセントという高精度で計算できます。これは逆ベータ崩壊反応が、中性子の崩壊の逆反応であるため中性子の寿命の誤差と同程度に反応断面積の誤差を抑えられるからです。このような状況で観測を開始したところ、その年のうちにはエキサイティングな結果を得ることができました。その論文が公表されたのは翌2003年の1月です。図8・5に示すように、観測された反ニュートリノ事象数は予測の61パーセントしかありませんでした。このときは、同じく反電子ニュートリノを生成する地球内部の放射性物質の影響を避けるため、3・4メガ電子ボルト以上のエネルギーのニュートリノを使っています。強力な磁場もなく高密度でもない、たかだか180キロメートルの距離で原子炉ニュートリノの欠損が見られたことで、ニュートリノ振動の大混合角解以外の仮説はすべて排除されました。カムランドの結果によって、消去法を使いついに太陽ニュートリノ問題の解を特定できたので

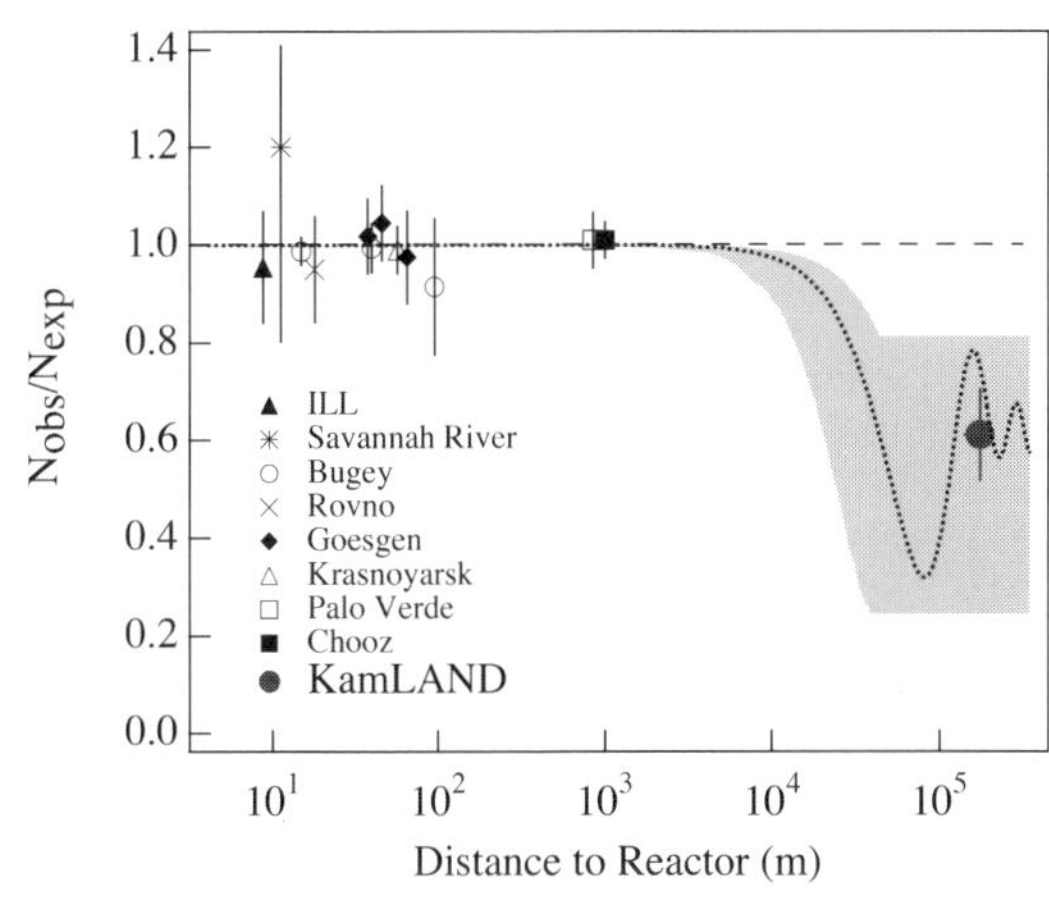

図8·5　カムランドがとらえた原子炉ニュートリノの欠損。1 km 程度までの基線で行われた過去の原子炉ニュートリノ実験に対し、有効距離180 km の基線をもつカムランドは明確に原子炉ニュートリノが欠損していることを示した。

$$P(\bar{\nu}_e \rightarrow \bar{\nu}_e) = 1 - \sin^2 2\theta_{12} \sin^2\left(1.27 \frac{\Delta m^2_{21}\,\mathrm{eV}^2\,L\,\mathrm{m}}{E_\nu\,\mathrm{MeV}}\right) \quad (式１)$$

す。多くの可能性のなかでたった一つに感度がある解が現実であったというのは非常に幸運だったといえます。一方で、反電子ニュートリノ振動の最初の発見であり、反電子ニュートリノにも質量があることを最初に示したことにもなります。

4　ニュートリノ質量情報の精密測定

その後も観測は継続し、より詳細な研究が進みました。データ量の向上以外にもいくつかの変化がありました。地震などをきっかけとして原子炉の運転状況が大きく変わったこと、蒸留により一段とバックグラウンドを低減したこと、地球ニュートリノも同時に観測できるようになり逆ベータ崩壊反応が起こる最低エネルギーである１・８メガ電子ボルトまで解析の範囲を下げたことです。地球ニュートリノは主に反電子ニュートリノとしてつくられ最高エネルギーが３・２６メガ電子ボルトなのに対し、原子炉ニュートリノでも８メガ電子ボルト以上まで分布します（図８・６）。そのため、バックグラウンドを低減して観測エネルギーを３・２６メガ電子ボルト以下に下げると原子炉ニュートリノと地球ニュートリノを同時に観測できます。図８・７ではヒストグラムで示された予測値に対して、十字の観測点がよく合っていることが示されています。これは正しく原子炉ニュートリノを観測していてバックグラウンドの理解ができていることを示しています。カムランドと原子炉の有効距離１８０キロメートルというのは、さらに幸運な距離でした。統計量の増加とともにニュートリノ振動の直接的な証拠を調べるために、「有効距離１８０キロメートルをニュートリノエネルギーで割ったもの（$180\ \mathrm{km}/E_\nu\ \mathrm{MeV}$）」を横軸、反電子ニュートリノの生存確率を縦軸にして図８・８をつくってみたところ、２周期にわたる振動パターンの取得ができました。簡略化した２世代間のニュートリノ振動での反電子ニュートリノの生存確率は（式１）のようになります。θ_{12}は2世代間の混合角で未知、$\Delta m^2_{21}=m^2_2-m^2_1$は二つの質量固有状態のニュートリノ質量の自乗差で未知、Lは原子炉とカムランドの距離で既知、E_νは原子炉ニュートリノのエネルギーで測定値です。これからわかるように振動の振幅と周期からニュートリノの混合角と質量

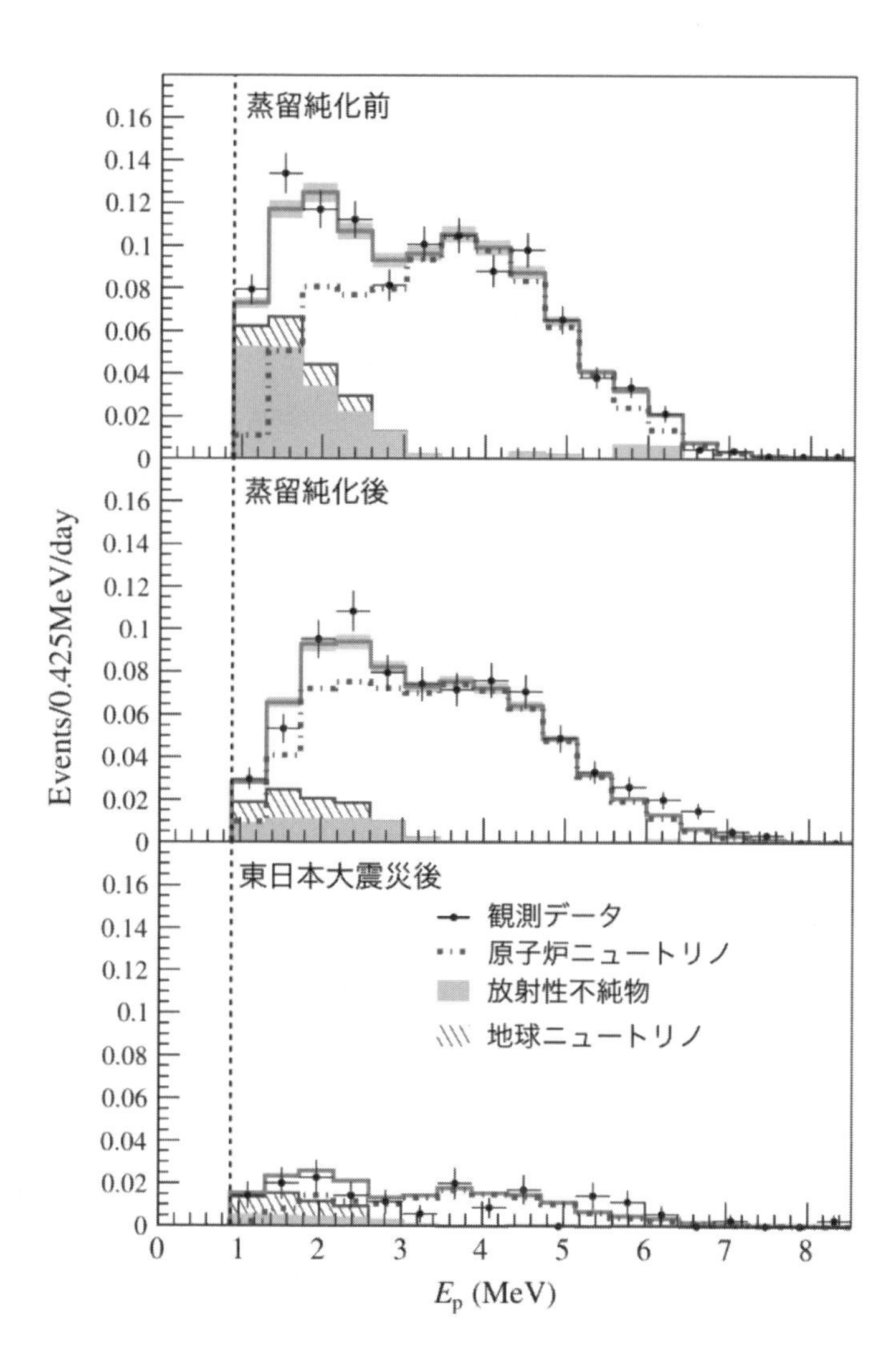

図8·6 原子炉ニュートリノと地球ニュートリノのエネルギー分布。エネルギーは観測できるエネルギーのためニュートリノエネルギーから0.8メガ電子ボルトを引いた値で表示されている。蒸留純化前は放射性不純物のバックグラウンドが多かったが、純化によって地球ニュートリノの観測が容易になった。さらに、東日本大震災後の原子炉の停止で地球ニュートリノが一段と観測しやすくなった。

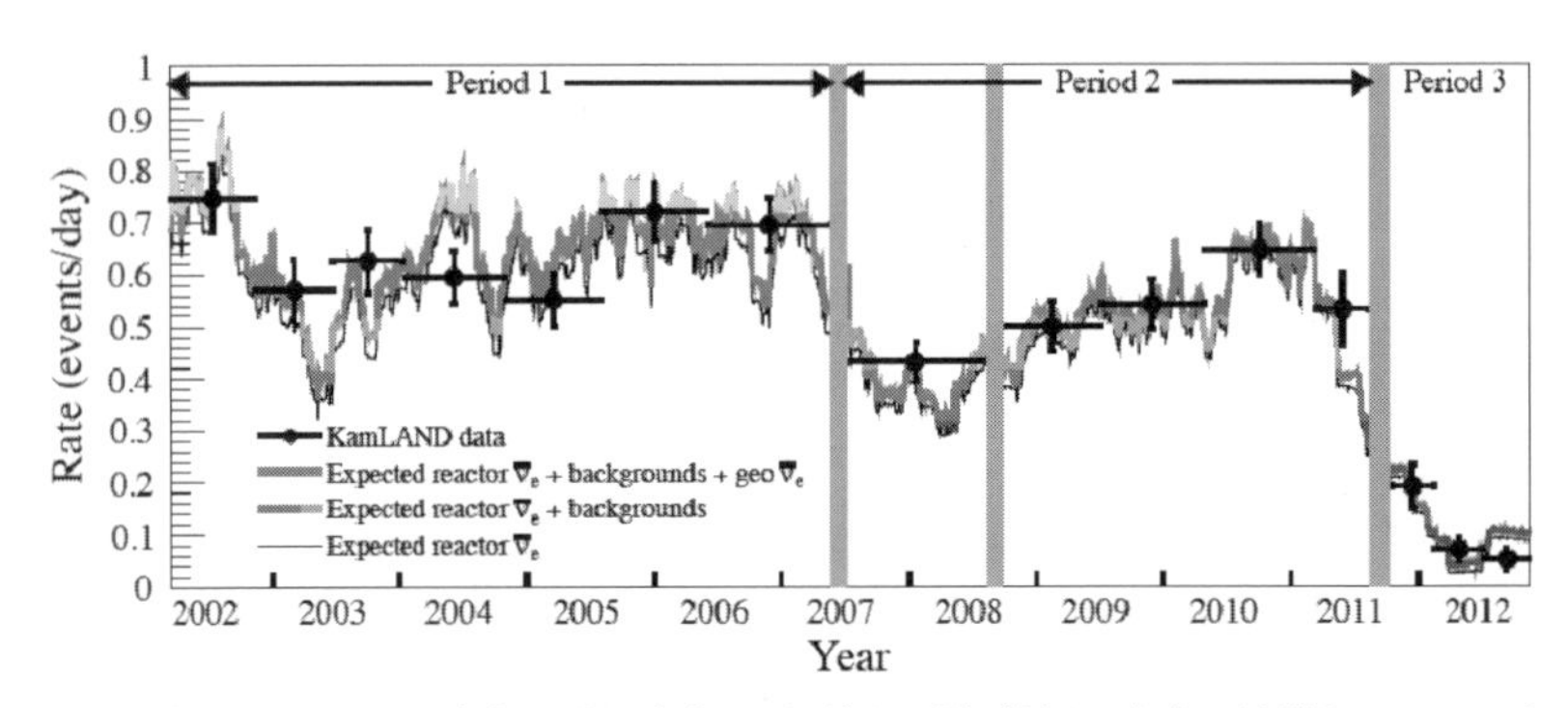

図8·7 原子炉ニュートリノ事象の時間変化。原子炉の運転状況の変化に追従してニュートリノ事象数が変化している。

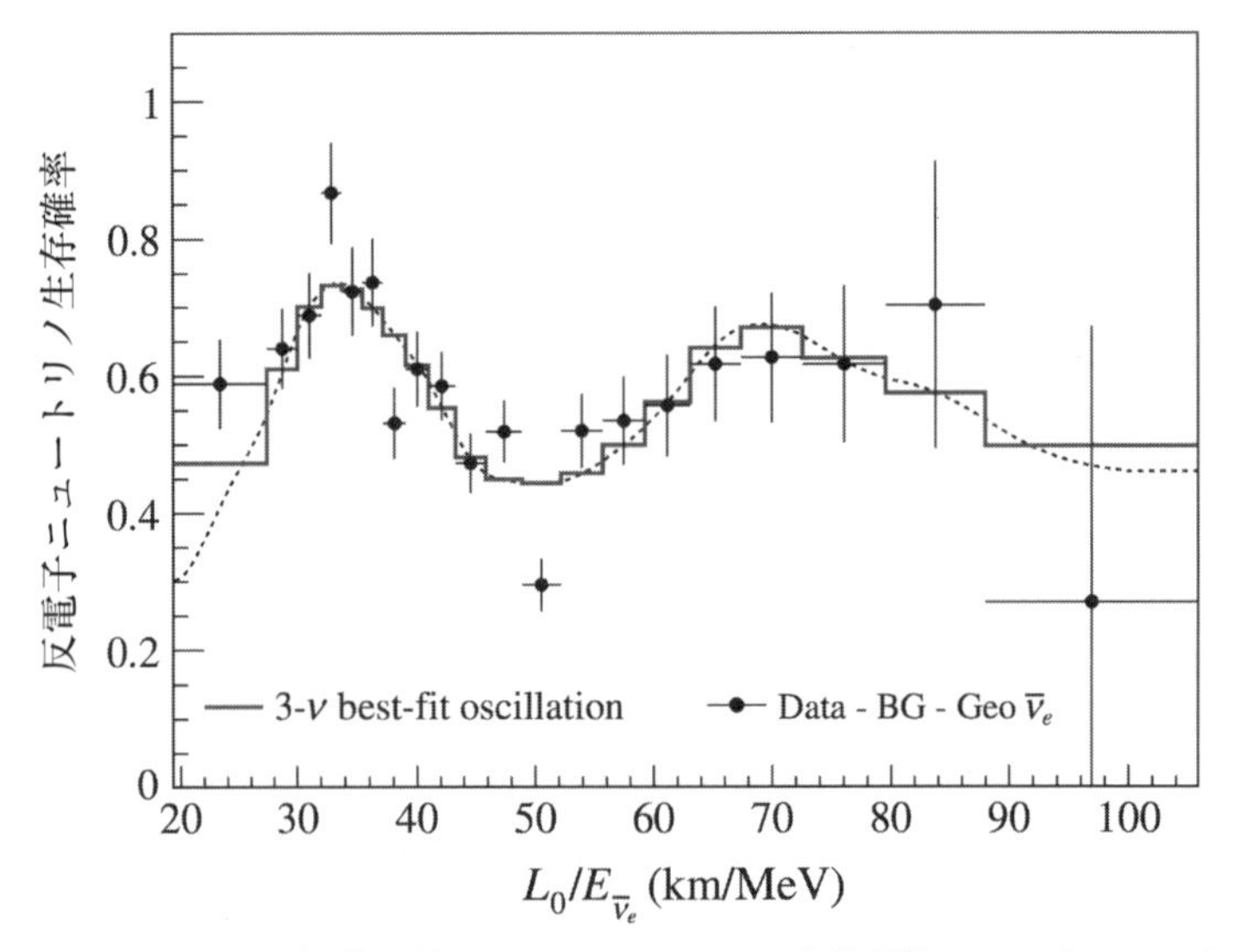

図8·8 原子炉ニュートリノ振動の様子。カムランドでは、有効距離180 km をニュートリノのエネルギーで割ったものに対して原子炉反電子ニュートリノの生存確率が振動するように2周期にわたって増減をくり返すニュートリノ振動の直接的な特徴をとらえている。

自乗差が計算でき、2周期をきれいにとらえることができる距離であったため、最新の結果では、$\Delta m_{21}^2=7.53\pm0.18\times10^{-5}$ eV^2、誤差にして2・4パーセントという高精度でニュートリノの質量情報を得ることができています。

5　まだまだやるぞ！

（反）電子ニュートリノの振動パラメータをかなり精密に測定でき、電子ニュートリノの伝搬が解明できたことで、透過性の高いニュートリノの応用が可能になります。ニュートリノを使って太陽自体あるいは超新星自体を研究するニュートリノ天文学もそうですが、原子炉反ニュートリノのバックグラウンドであった地球ニュートリノの観測もその一つです。地球は47兆ワットという熱を放出しています。これは原子炉1万5000基程度に相当します。この熱は地球活動の源であり、地震・噴火を引き起こすプレートテクトニクスをともなうマントル対流や地磁気の源である鉄を主成分とする外核の対流もこの熱流によって駆動されています。地熱の主要なエネルギー源はウランやトリウムなどの放射性物質ですが、これらは崩壊系列の中で反電子ニュートリノを放出するため、地球内部から来る反電子ニュートリノ量を測定することで、放射性熱生成量を知ることができます。原子炉ニュートリノと地球ニュートリノの区別は容易ではないですが、手法としては地球ニュートリノの最高エネルギーが3・26メガ電子ボルトと低めであることを使い、それ以上のエネルギーで原子炉ニュートリノ量を決定し、その外挿を差し引くことで地球ニュートリノ量を求めることができます。実際はエネルギースペクトルと原子炉の運転状況との相関を使いながら、ニュートリノ振動パラメータと原子炉ニュートリノ量・地球ニュートリノ量を一気に決定します。カムランドは世界で初めてこの測定に成功しました。測定結果は地熱流全体の半分程度の20兆ワットが放射性の熱生成であるというものでした。47兆ワットからの不足分は地球誕生時の原始の熱がいまも残っており地球が冷え続けているということを意味しています。東日本大震災以降国内の原子炉が停止したことで、原子炉ニュートリノの観測はバックグラウンドの理解にしか使えなくなりましたが、地球ニュートリノの観測に対してはバックグラウンドが大幅に減ったことになり、測定精度は非常に高くなっています。地球内部のダイナミクスを記述する包括的で系統的な地球モデルの開発とともに地球ニュートリノの観測精度が高まれば、地球内部の対流様式や地球を形成した隕石の種類などを教えてくれると期待されており、極端な地球モデルはすでに地球ニュートリノの観測データでも排除され始めています。

また、太陽ニュートリノ問題の解明に原子炉反ニュートリノを使うにあたっては、粒子・反粒子で質量は同じであるとしましたが、太陽ニュートリノ観測での質量自乗差の測定が原子炉ニュートリノ程度に改善してくれれば、質量の同一性の精密な検証になります。これは、CPT対称性の検証に相当し、素粒子理論の根幹を検証することにつながります。基本原理から積み上げて成立している物理学ですから根幹的な法則はぜひとも実験的に検証しておきたいところです。反ニュートリノ観測はまだまだ続きます。

9章　これからのニュートリノ探究

ここまでの説明で、ニュートリノの謎の多くは解けたと考える読者の方もいるのではないでしょうか。「ニュートリノ振動の発見」、「ニュートリノの質量の発見」など、より根源的な問題を明らかにしました。この章では、ニュートリノに関係したまだ未解決の重要課題を紹介し、その解明のために進められている実験計画を紹介します。ニュートリノは依然として謎の多い素粒子なのです。

1　粒子と反粒子、質量の階層

ニュートリノ振動において残った謎は三つあります。

一つ目は、7章の第6節で取り上げた反ニュートリノに関係する、「粒子と反粒子のあいだの対称性の破れ」です。「粒子と反粒子のあいだの対称性」は素粒子物理学でCP対称性とよばれているので、その対称性の破れは簡単に「CPの破れ」といいます。粒子と反粒子は電荷（Charge）とパリティ（Parity）という量が逆になるので、電荷・パリティの英語の頭文字をとってCPとよばれています。

二つ目は、ニュートリノの質量の大きさについてです。ニュートリノ振動の結果から、ニュートリノの質量の差がわかりました。この差は、大気ニュートリノ振動の測定では0・05電子ボルトくらいです。ニュートリノ質量の大きさもこの「差」程度だと考えると、図3・

5に示した他の素粒子と比べて桁違いに小さいことになります。ニュートリノの質量の大きさはまだ決まってはおらず、1電子ボルト以下だということがわかっています。次に軽い素粒子である電子の質量が0・5メガ電子ボルトなので、5桁以下です。ニュートリノの質量はなぜこんなに小さいのでしょうか？　これには、9章3節で説明するマヨラナ質量が関係していると思われています。まだ観測されていない重たい右巻ニュートリノがあることで、弱い相互作用をしている左巻のニュートリノが軽くなるという理論です（くわしくは9章3節参照）。ニュートリノ振動の測定では、ニュートリノの質量の差しか測れないので、質量の大きさそのものは決まりません。ただし、ニュートリノはまだ質量の大きさの順番もわかっていないので、ニュートリノ振動でどのニュートリノが一番軽いのかを決めようとしています。「電子ニュートリノが一番軽いのかどうか？」という謎で、専門用語で「質量階層性」とよばれる謎に挑んでいます。

三つ目は、ニュートリノが3種類ではなく、さらに未知の（4番目の）ニュートリノが存在するかという問題です。最後の問題に登場するニュートリノは不活性ニュートリノ、もしくはステライルニュートリノとよばれています。ステライルニュートリノはまだ存在が確認されておらず、この本の範囲を超えるのでここでは割愛します。それでは、前の二つの問題を見ていきましょう。

7章6節で説明したように、宇宙進化の中でわれわれの住む物質優勢宇宙ができるためには、CP対称性が破れていることが必要です。そして、小林-益川理論によるCPの破れによって、われわれの住む物質優勢宇宙の説明ができないこともわかってきました。そしていま、ニュートリノにおけるCPの破れが重要だと考えられています。特に、次の節で紹介するレプトジェネシスが鍵を握ると考えられています。レプトジェネシスに登場する重たい右巻ニュートリノのＣＰの破れを測る方法はまだわかっていません。現在進められている研究では、まず「ニュートリノでＣＰの破れがあるのか？」を解明しようとしています。このために、Ｔ２Ｋ実験（7章6節）がやっていたようにニュートリノ振動と反ニュートリノ振動の測定結果を比べて、その違いからニュートリノＣＰの破れを探ります。ただし、Ｋ２Ｋ実験に比べて１００倍の性能をもっていたＴ２Ｋ実験でもまだＣＰの破れは測られていないので、より精度の高い実験が必要です。ニュートリノの数をＴ２Ｋ実験の10倍以上に増やす必要があり、9・2節で紹介するハイパーカミオカンデ実験が計画されています。

「質量階層性」の決め方はどうでしょうか？　ニュートリノ振動は真空中と物質中で、その振動の仕方が変わります。物質中にはたくさんの電子が存在するので、電子ニュートリノが他の型のニュートリノよりもよく反応します。このために、物質中のニュートリノ振動の式は電子ニュートリノが関係した分だけ変更されます。この効果は「物質効果」とよばれています。この「物質効果」を観測すれば、電子ニュートリノが一番軽いのかどうか、つまり「質量階層性」を決めることができるのです。スーパーカミオカンデで観測している大気ニュートリノは地球を突き抜けてくるので、この「物質効果」が現れると予想されています。スーパーカミオカンデでは、「物質効果」を通じて「質量階層性」を探っていますが、まだ十分な実験感度に達していません。いまより10倍以上の数の大気ニュートリノの観測が可能なハイパーカミオカンデ実験が待ち望まれています。また、7章で紹介した加速器ニュートリノ実験でも、地中をビームが通るため「物質効果」の観測が可能です。この測定はＴ２Ｋ実験でも行われていますが、より基線長の長い米国のＮＯｖＡ実験が有力と考えられています。

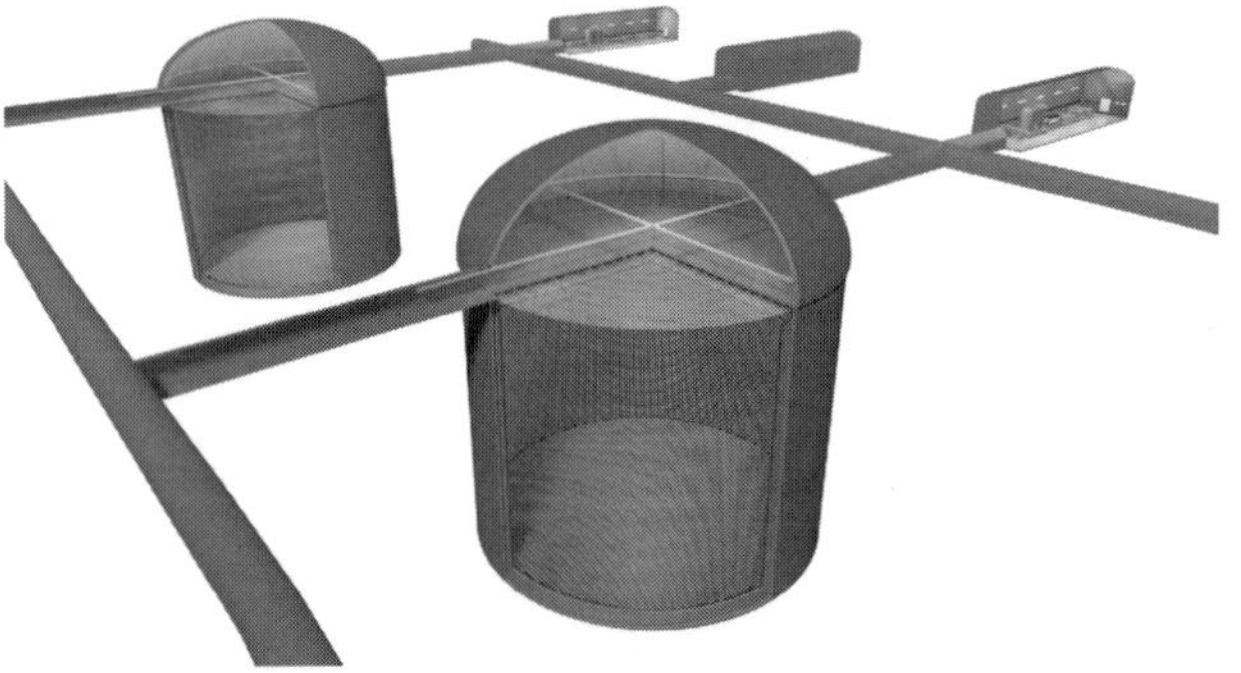

2　もっと光を、もっとパワーを、もっとニュートリノを
——ハイパーカミオカンデ実験

カミオカンデがスーパーカミオカンデに拡張されたように、ニュートリノ研究を次の段階に進めるためにハイパーカミオカンデ実験が提案されています。ハイパーカミオカンデはスーパーカミオカンデの大きさを10倍以上に拡大し、観測できるニュートリノの数を一気に10倍にする実験提案です。ハイパーカミオカンデの概略図を図9・1に示します。

ハイパーカミオカンデでは、その大きさを10倍にしたうえに、スーパーカミオカンデよりも高性能の光検出器を採用します。ハイパーカミオカンデ用に開発されている光検出器は、スーパーカミオカンデのものに対して光に対する感度が2倍に向上していて、より暗いチェレンコフ光の事象でも2倍明るく見られるようになっています。また、ハイパーカミオカンデができるころには、Ｊ－ＰＡＲＣ加速器の陽子ビーム強度も設計値の2倍近い１３００キロワット（１・３メガワット）が達成できると予想されています。つまり、ハイパーカミオカンデは、もっとたくさんの光が見えて、もっとパワーのあるビームが出ていて、もっとたくさんのニュートリノをとらえることができる、究極のニュートリノ実験装置になります。

ハイパーカミオカンデ実験では、Ｊ－ＰＡＲＣからのニュートリノビームと反ニュートリノビームを使って、ニュートリノＣＰの研究が

図9·1　ハイパーカミオカンデの概略図。タンク一つの大きさが、スーパーカミオカンデの約10倍（直径74 m、高さ60 m）となっている。将来的にはこの図にあるように二つのタンクを考えているが、まず一つ目のタンクの建設を最初に進める計画になっている。

進みます。ハイパーカミオカンデでは数千のミューニュートリノから電子ニュートリノへの振動事象とやはり数千の反ニュートリノ振動事象を比べることで、数パーセントの精度でその違いが決定できます。ハイパーカミオカンデではＣＰの破れの発見が可能となります。さらに、その破れのパラメータを精密に決定すれば、素粒子の大統一理論や宇宙進化の解明の重要な情報となります。ハイパーカミオカンデでは「質量階層性」の研究のために、大気ニュートリノを観測します。スーパーカミオカンデの10倍の大きさと、より高性能な光検出器が活躍し、99・9パーセント以上の信頼度で「質量階層性」の決定が可能です。

ニュートリノの「ＣＰの破れ」や「質量階層性」の問題は、ハイパーカミオカンデで解決されると予想されます。さらにハイパーカミオカンデでは、次のような素粒子や宇宙の重要問題の解決が期待されています。

①カミオカンデの当初の目標であった陽子の崩壊を、寿命10^{35}年まで探求できます。特に、陽子が陽電子とパイ中間子に壊れる崩壊と、陽子がニュートリノとケイ中間子に壊れる崩壊が注目されています。陽子の崩壊は、三つの力（電磁力、弱い力、強い力）を統一する素粒子物理学の大統一理論で予言されています。その発見のインパクトははかり知れず、発見されれば素粒子物理学の大革命となります。

②超新星ニュートリノの観測が進みます。特に、スーパーカミオカンデでは見えなかったより遠方の銀河での超新星ニュートリノの観測が可能となります。また、近傍の銀河で超新星爆発が起こった場合には、より大量のニュートリノ観測が可能で、超新星爆発時の星内部の温度や中性子星誕生の機構の理解が進むと期待されています。また、２０１６年に発見された重力波とニュートリノの同時観測等、新しい天文学の開拓が期待できます。

③宇宙に満ちている過去に起こった超新星爆発のニュートリノ（超新星残存ニュートリノ）

の観測が可能です。われわれの地球（われわれ人類を含む）は、過去の超新星爆発でできた多種多様な元素からできています。ハイパーカミオカンデでは超新星残存ニュートリノの観測を通じて、この過去の超新星爆発が観測でき、宇宙の進化史が明らかになります。

④太陽ニュートリノの観測の精度が向上します。太陽ニュートリノ振動の発見から、太陽内部の「物質効果」によるニュートリノ振動が見つかりました。測定精度をさらに向上させると、次は地球内部での「物質効果」によるニュートリノ振動が見えてきます。ニュートリノ振動の物質効果の研究から、ニュートリノと物質の相互作用の理解が進み、素粒子の標準模型を超えた反応が見つかるかもしれません。

以上のように、ハイパーカミオカンデは、今後のニュートリノ研究を多方面で発展させていく重要な計画として、国内外から広く注目されています。

3　マヨラナ質量の探索

ニュートリノのマヨラナ性

クォークや電子などの物質を構成する粒子に分類される素粒子はすべてスピン½をもっています。ニュートリノもこれに該当します。スピン½の素粒子が従う相対論的な運動方程式はディラック方程式とよばれていますが、これは特殊相対論で登場する$E^2=(pc)^2+(mc^2)^2$を満たすように量子化し、二つの自由度（スピン＋1/2と−1/2）を含むことができるようにつくられています。運動量pを0にするとよく見かける$E=mc^2$に変形できます。この方程式はおもしろいことに自動的に自由度が四つ以上あることを要請します。電子を例にとってみると進行方向に対して右に回転している（右巻）状態、左に回転している（左巻）状態、そして反粒子である陽電子の右巻・左巻状態で、合計四つの状態（自由度）です。なんと反粒子が存在することも示しています。一方ニュートリノの場合はこれまで、左巻のニュートリノと右巻の反ニュートリノの二つの自由度しか見つかっていませんでした。弱い相互作用は左巻の粒子と右巻の反粒子にしか作用しないとして構築されているので、二つの状態しかつくることができず、また観測することもできないのですが、ニュートリノの質量を0としている限りは実験的にそれ以上のことを問題にする必要はありませんでした。

ところが、ニュートリノ振動によってニュートリノに質量があることが実証されたことによって状況は一変しました。質量をもつニュートリノは必ず光速より遅く、ニュートリノを追い越す系を考えることができます。左巻のニュートリノもそれを追い越す系では右巻になってしまいます。系によって右巻・左巻が入れ替わるわけです。左巻ニュートリノを追い越すと右巻反ニュートリノに見えるという立場をとる場合、「ニュートリノはマヨラナ性をもつ」と表現します。あるいは、左巻ニュートリノを追い越すと観測できない右巻ニュートリノになるという場合は「ディラック・ニュートリノである」と表現します。ニュートリノがマヨラナ性をもつとした場合には、ニュートリノと反ニュートリノは同じであり、左巻か右巻かで区別していることになります。この場合はまだ自由度を二つしか使っていませんので、残り二つの自由度を利用することができます。右巻・左巻で質量は同一で、粒子・反粒子も質量は同一です。マヨラナ性をもつ場合には、残り二つの自由度はどちらの制限もかかりませんから、未知の重いニュートリノを「自然に」導入することができます。このことが決定的に重要です。

マヨラナ性と宇宙・素粒子の大問題

宇宙・素粒子の大問題として、

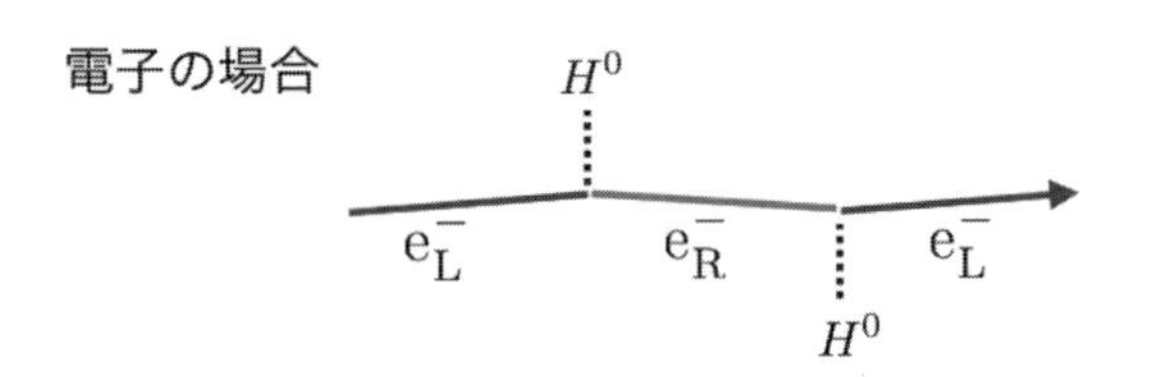

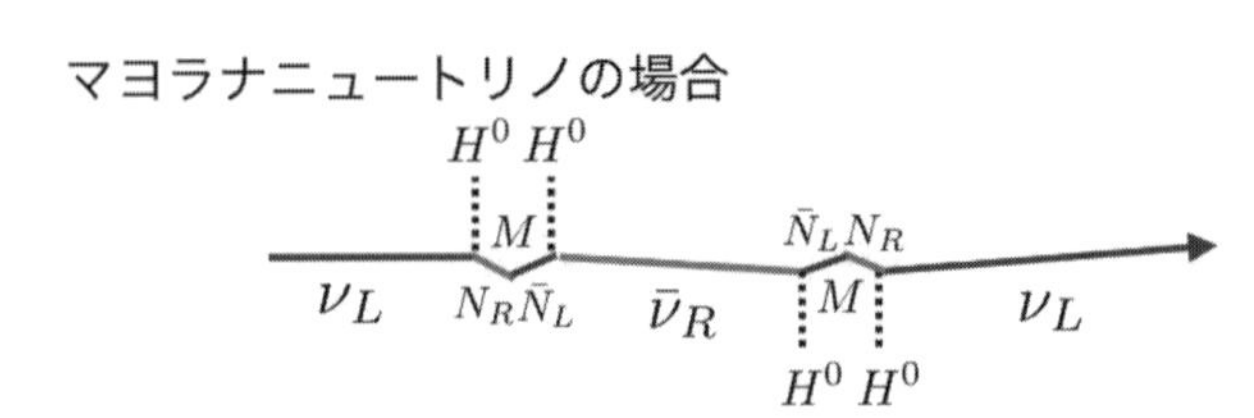

図9·2　ヒッグス粒子との衝突で質量を獲得するようす。添字のL，Rはそれぞれ左巻・右巻を表している。ヒッグス粒子（H^0）との衝突で絶えず左巻・右巻が反転している。電子の場合は反転しても電子のままであるが、マヨラナニュートリノの場合は、重いニュートリノ（N）が途中に入るため簡単には反転しない。つまり、ヒッグス粒子と衝突しにくく質量が軽い。

（1）ニュートリノだけが極端に軽い。
（2）宇宙は物質のみでできていて反物質がない。
（3）暗黒物質が通常の物質の5倍程度ある。
（4）暗黒エネルギーが宇宙の全エネルギーの7割強を占める。

などが知られています。

（1）については、ヒッグス粒子との作用がなぜニュートリノだけ小さいのかが疑問なのですが、電子などはヒッグス粒子との作用で右巻左巻が絶えず反転しています。マヨラナ・ニュートリノの場合は左巻のニュートリノがヒッグス粒子と作用すると右巻の「重い」ニュートリノに変化します。これが大統一理論に関係する自発的対称性の破れの機構を介して左巻の重いニュートリノとなり、再度のヒッグス粒子との作用で右巻の反ニュートリノになります（図9・2）。複雑ですが、ニュートリノに質量を与えるためには重いニュートリノを経由する必要があり、それは不確定性原理の範囲内でしか起こすことができず、そのため重いニュートリノが重ければ重いほど通常のニュートリノは軽くなるというシーソーのような現象が期待され、シーソー機構とよばれています。

（2）については、ディラック方程式に従うと、エネルギーを与えると真空から粒子を生成することができるのですが、その場合は必ず同数の反粒子が生じるということと矛盾している

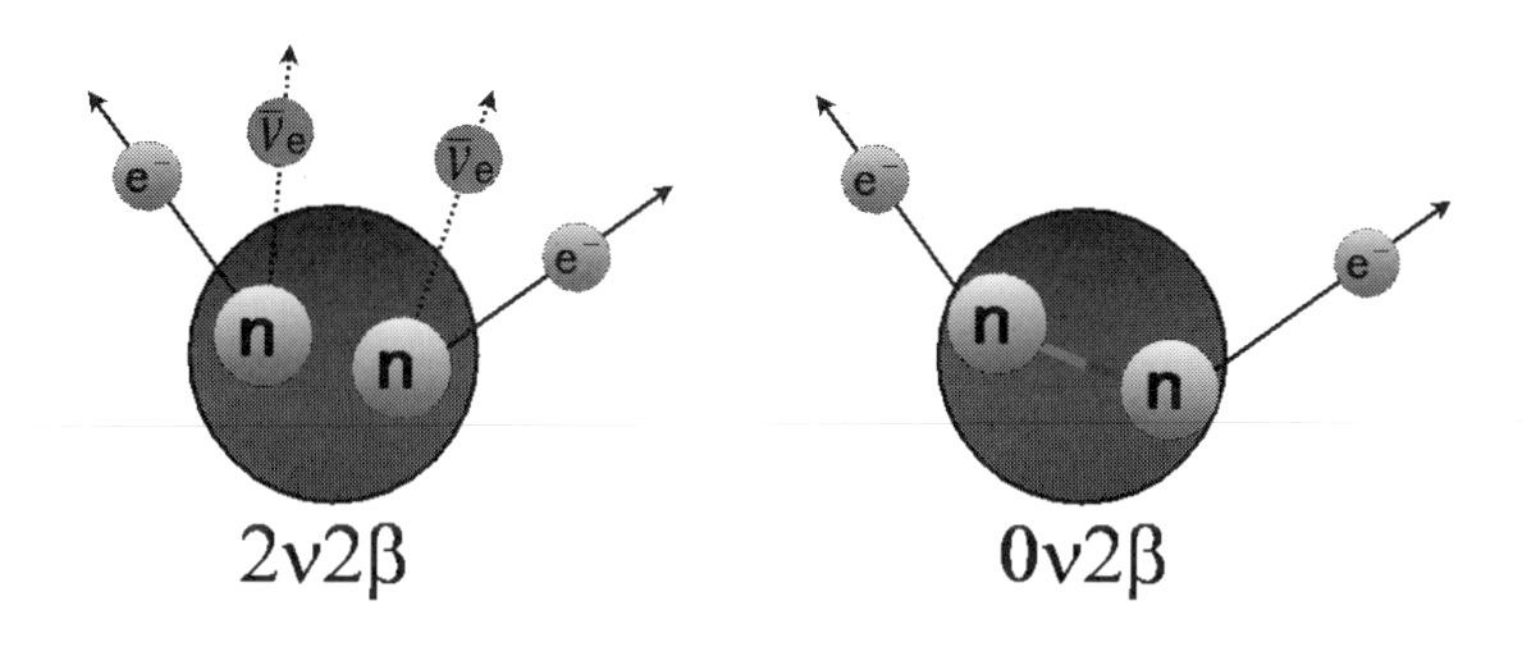

図9·3 二重ベータ崩壊の様式。ベータ崩壊が禁止されるような場合、二重ベータ崩壊を起こす原子核がある。二つの中性子が電子２個と反電子ニュートリノ２個を放出する（左）の反応はすでに観測されている。ニュートリノがマヨラナ性をもつ場合二つの反ニュートリノが対消滅し、ニュートリノをともなわない二重β崩壊（右）を起こすことができ、２個の電子のみを放出する。

ように見えます。宇宙初期ではビッグバンによって粒子・反粒子が同数つくられたはずですが、重いニュートリノが崩壊する際にＣＰ対称性の破れによってレプトンと反レプトンのあいだにほんの少しの非対称性が生じ、それをきっかけに物質・反物質の非対称性（１００億分の1程度）がつくられたとするレプトジェネシス理論が有望です。物質・反物質は時間とともに対消滅してしまい、ほんの１００億分の１の物質が生き残ってできたのが現在の宇宙という考えです。

（3）については、宇宙初期の１００億分の1にもなる（2）の物質と反物質の大規模な対消滅を考えると、たかだか5倍程度の暗黒物質は、物質と同オーダーの量であり、同じ重いニュートリノが原因でつくられたのではないかというシナリオが活発に議論されています。

（4）については…わかりません。まだ有力な仮説はないようです。

いずれにせよ、ニュートリノ質量の証拠をきっかけに、ニュートリノがマヨラナ性をもつかどうかが次の大きな課題となっており、マヨラナ性をもつ場合には、宇宙・素粒子の大問題の二つないし三つを説明できる可能性があるわけです。

ニュートリノをともなわない二重ベータ崩壊の探索

ニュートリノがマヨナラ性をもつかどうかの検証には、現実的な方法としては「ニュートリノをともなわない二重ベータ崩壊」（図９・

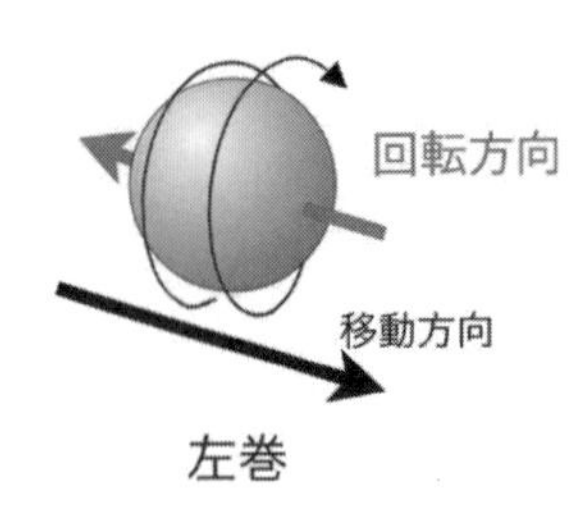

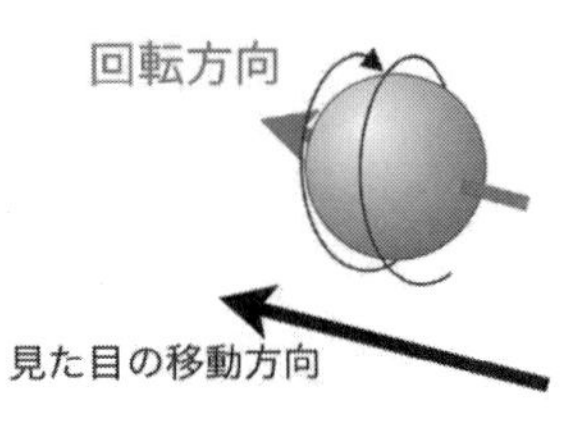

図9･4　進行方向に対して左に回転している左巻粒子も、それを追い越すスピードで観測すると、回転方向は変わらず進行方向が変わるので右巻粒子に変化する。

３）の探索しかありません。これは単発のベータ崩壊がエネルギー準位で禁止されているような原子核でも二つのベータ崩壊を同時に起こすことが可能なものがあることを利用します。原子核内という非常に小さい空間に二つの反電子ニュートリノをつくるので、もともとはぶつかりにくいニュートリノでもおたがいに作用する可能性が飛躍的に高まります。マヨラナ性をもつ場合は、二つの反電子ニュートリノのうち一方が他方を追い越せば電子ニュートリノに見えることがありニュートリノ同士の対消滅が可能になります（図９・４）。あるいは図９・２にあるようにニュートリノと反ニュートリノは絶えず反転しているので、対消滅が可能というようにも考えることができます。二つの反ニュートリノを放出する現象（$2\nu2\beta$）はすでにいくつかの原子核で観測されていますが、マヨラナ性の証明となるニュートリノを伴わない二重ベータ崩壊（$0\nu2\beta$）はまだ見つかっていません。$0\nu2\beta$の頻度はマヨラナ有効質量の自乗に比例するのですが、このような現象はあったとしても非常にまれで、これまでのデータから10^{26}年以上の半減期を調べなければなりません。二重ベータ崩壊で放出されるエネルギーは最高でもカルシウム48の４・２７メガ電子ボルト、キセノン１３６なら２・４６メガ電子ボルトです。そのため、大量の二重ベータ崩壊核が必要なのと同時に極低放射能環境が必要になります。特にニュートリノ振動研究を通して１００キログラム以上の原子核が必要であることがわかり、それまでのせいぜい10キログラム程度を使った探索から大幅な大型化が必要であることがわかりました。大型で極低放射能というのは、まさにカムランドが実現しているもので、キセノン１３６が重量比で3パーセントも液体シンチレータに溶けることを使い、放射性不純物低減のため極力薄いフィルム（25マイクロメー

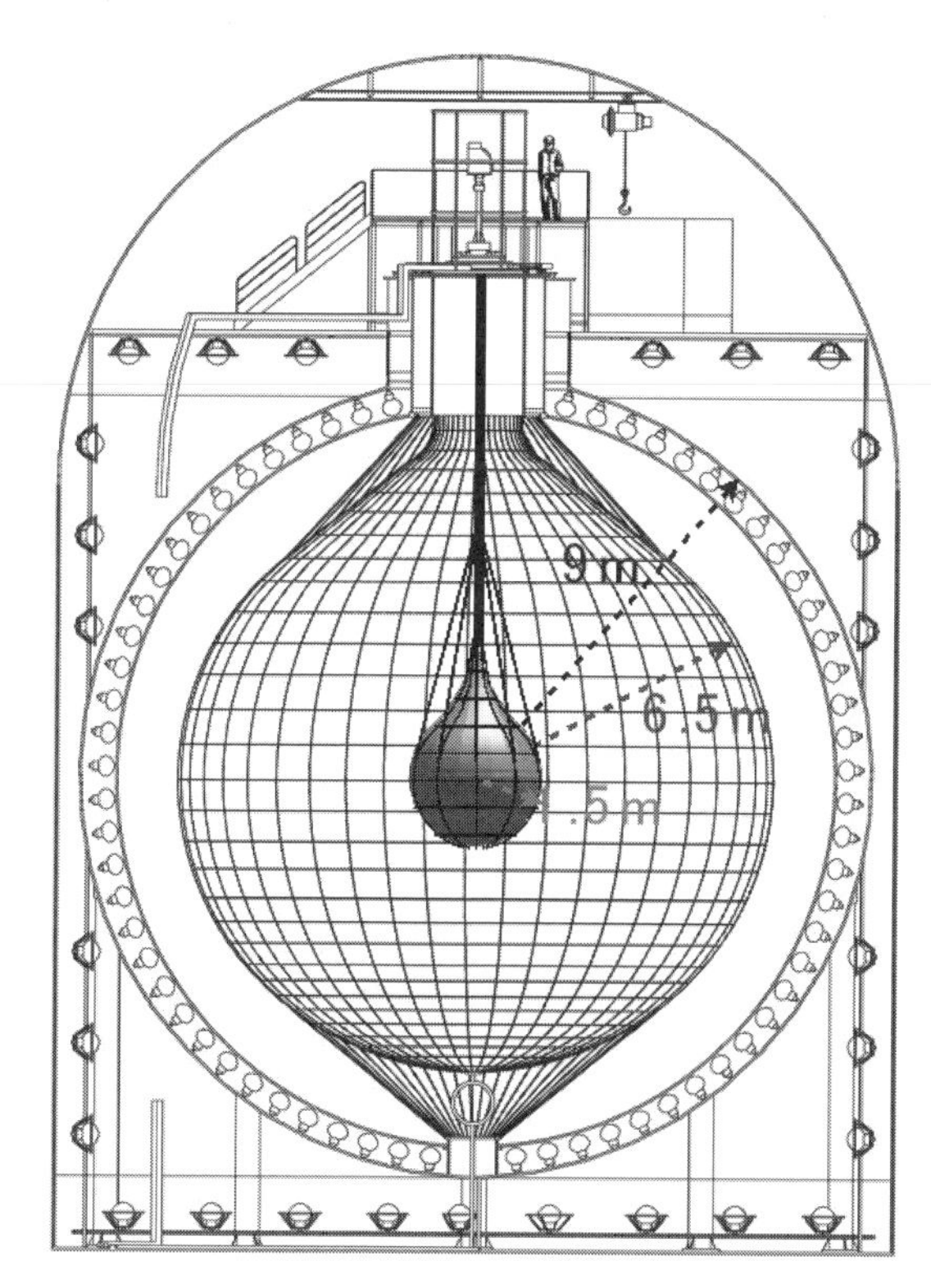

図9·5 カムランド禅実験装置。カムランドの中心に直径３ｍのミニバルーンを導入し、キセノン136を重量比で約３％溶かした液体シンチレータで満たし、ニュートリノをともなわない二重ベータ崩壊を探索する。

図9·6 キセノン含有液体シンチレータを内包するミニバルーン。ミニバルーンの縁で背景のフレームが屈折して見えている。黒いチューブを通して上部と接続されていて、液体シンチレータの出し入れが行える。

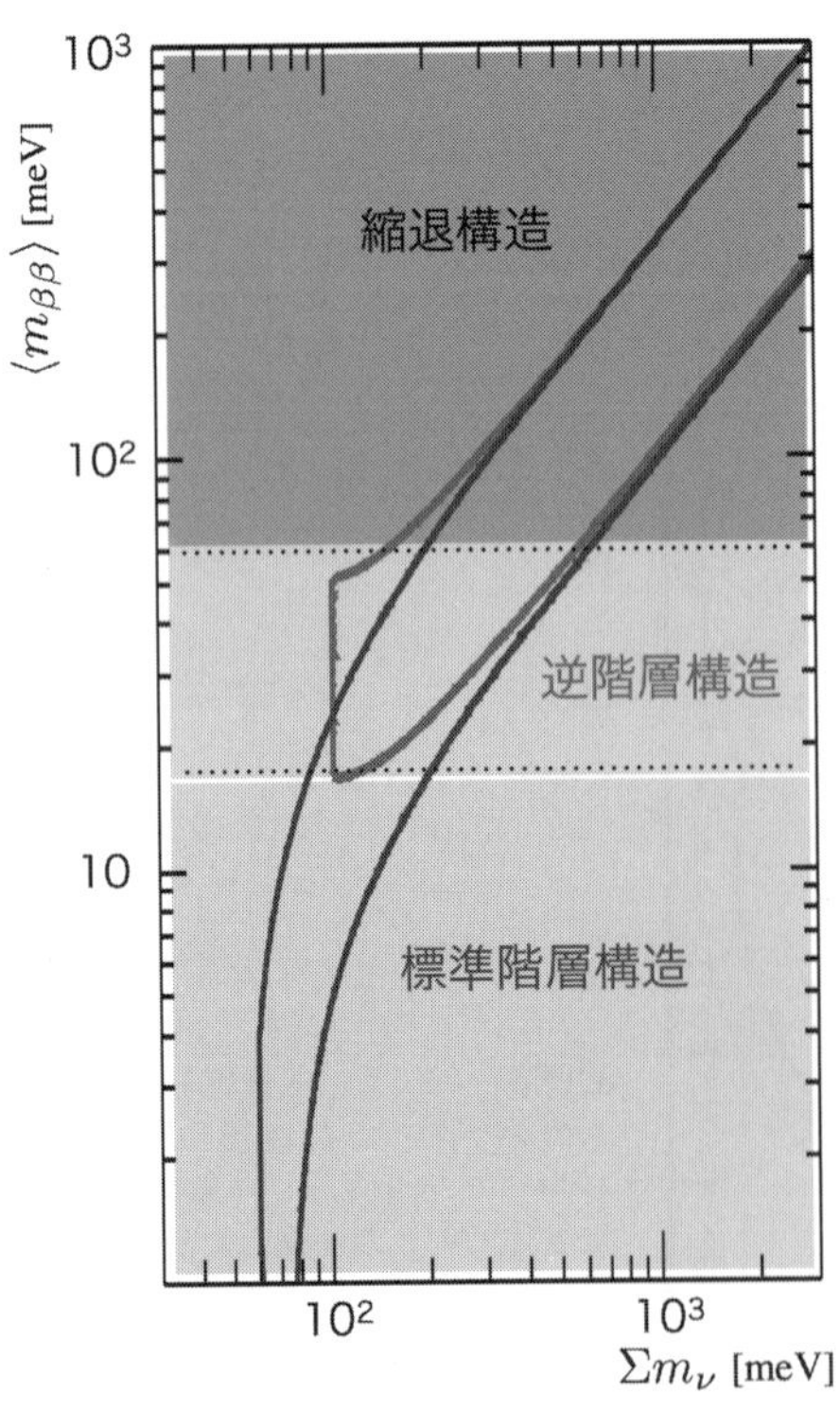

図9·7 ニュートリノ振動から許されるマヨラナ有効質量（縦軸）と３種類のニュートリノ質量の合計（横軸）。三つのニュートリノ質量が近接して重いとき（縮退構造）、２種類が相対的に重いとき（逆階層構造）、１種類のみが重いとき（標準階層構造）でマヨラナ有効質量のとりうる範囲が異なることから、ニュートリノをともなわない二重ベータ崩壊探索の目標設定ができる。

トル厚の6ナイロン製）でつくったミニバルーン（直径3メートル）をカムランド中心につるし、キセノン含有液体シンチレータを内包したのが、カムランド禅実験（図９・５および図９・６）です。禅はZero neutrino double beta decayから来ており、まれな現象をじっと待つという禅の精神を込めています。キセノンは遠心分離によって同位体濃縮ができることや、液体シンチレータに溶かしてもあまり性能を低下させないこと、蒸留純化が確立していることなど、コストも含めて優れた特性を有しています。カムランド禅はキセノン（Xe）１３６を90パーセント以上に濃縮した３２０キログラムのキセノンを使って２０１１年にスタートし、すぐさま世界最高感度を達成しました。カムランドを流用したことで迅速かつ低コストで高感度を実現することができました。その後、キセノンを脱気した状態での測定や純化を行いながら３８０キログラムまで増量し、２０１５年末まで観測を続けました。２０１６年秋までには７５０キログラムにまで増量して探索を再開する予定です。$0\nu 2\beta$はまだ発見されていませんが、これまでのデータで図9・7の縮退構造のかなりの部分（最新結果では60ミリ電子ボルトとライバルより桁ちがいの高感度を達成）を探索できています。750キログラムへの増量で逆階層構造に切り込めると期待しています。将来的には光センサーや液体シンチレータをさらに改良して逆階層構造をカバーする20ミリ電子ボルトの感度を達成したいと考えています。逆階層構造をカバーできれば、たとえ$0\nu 2\beta$が発見されなくても、マヨラナ性を信じることで消去法によってニュートリノの質量構造が標準階層構造と結論でき、あるいは、ニュートリノ振動研究によって逆階層構造であると特定されていれば、ニュートリノはマヨラナ性をもたないと結論できるからです。逆階層構造を超えて標準階層構造に切り込むにはさらなる大型化が必要です。カミオカンデがカムランドに改造されたように、スーパーカミオカンデをスーパーカムランドに改造できればそれが可能となることでしょう。

ニュートリノ分野での日本のさらなる活躍をご期待下さい。

カミオカンデとニュートリノ

平成28年6月30日　発　行

監修者　鈴　木　厚　人

発行者　池　田　和　博

発行所　丸善出版株式会社

〒101-0051 東京都千代田区神田神保町二丁目17番
編集：電話(03)3512-3267／FAX(03)3512-3272
営業：電話(03)3512-3256／FAX(03)3512-3270
http://pub.maruzen.co.jp/

組版印刷・製本／藤原印刷株式会社

ISBN 978-4-621-30049-7 C0042　　Printed in Japan